全部、山が教えてくれた

—林業のこれから—

改訂版

髙橋正二

幻冬舎ルネッサンス新書

254

目次

向かって左から長男、著者、孫と従業員（鈴木、國方）

第一章

森林の本当の価値

間伐木林内で使用しています　現採丸太筋工

表土の流出を防止して雑草木の生育を助けるとともに
生物や微生物の繁殖も助けています。

日本人は森林から多くの恵みを受けてきた

私たちが暮らしている日本、その国土の3分の2は森林です。都会のコンクリートジャングルの中で、生活している人たちにはそれは実感できない、かも知れないと思ってしまいます。1時間ほど電車に乗って郊外の駅で降りてみてください。駅の周りどこもかしこも開発が進んでいて、コンビニエンスストアなどもありますが、駅から少し離れた地域では緑あふれる田園風景、その背後には木々が生い茂る山々が望めます。

私たちは、いかに森林から多くの恵みを受けてきたのか、という話から始めさせて頂きます。

都心部でも木造家屋の占める割合はまだまだ高く、日本の気候や風土には木造家屋が合っている、と考えている人たちも多いですね。

その木材を供給してきたのが、山（森林）なのです。山から立ち木を切り出した時点では木材、建築用材として製材、加工したものは材木と呼ぶのが一般的です。

かつては東京都内でも町内に一軒くらいは、材木屋さんもありましたが、今ではほとんど残ってないようです。

森林の恵みと言えば木材で、あとはキノコ狩りくらい、と思っている人も多いのかも知れません。始めに森林の働きについてお話をさせてください。

森林は「みんなの宝物」

私たちに限らず生物が生きてゆくには酸素が必要不可欠です。森林は光合成によって、地球の温暖化の要因（原因）となっている、大気中の二酸化炭素（ＣＯ^2）を吸収して、酸素を供給（放出）しています。森林浴という言葉は結構前から知られていますが、森林の中を歩くことで酸素吸入量も増え、細胞が活性化されてリラクゼーション効果も得られ、それらの効果は1ヶ月ほど持続した（独立行政法人森林総合研究所と日本医科大学の共同研究）、と報告されています。またフィトンチッドが嗅覚神経や脳を、鎮静化したりすることも確かめられたりしているようです。

私は少し前に、知人からこんな話を聞いたこともあります。前は県内の工業地帯に住んでいた方です。その頃は息子さんが喘息で通院していたそうですが、空気が綺麗で水がおいしい、私たちの住んでいる地域に越して来たら、たちまち元気になったと話されていました。

別の知人も転居してきて、毎日遠くの山並みを眺めていたら、視力がずいぶん良くなったような気がすると話されました。

清川村煤ヶ谷　地内

地内現場より「宮ヶ瀬湖ダム」を望む。

神奈川県の水がめです。貯水量133,510千㎥と大きな「ダム」です。

森林は「緑のダム」

森林は雨水や水をスポンジのように蓄える保水能力が高く、「緑のダム」とも呼ばれています。ここ数年、集中豪雨による土砂災害や、洪水が多発して大きな被害をもたらした、というニュースも多いようです。犠牲者も出てたいへん痛ましい。けれども、森林が適切に整備されていたならば、１００ミリ近い雨が降っても、豊かな森林の木々が根を深く張り、根と根が絡み合って、土をしっかりとつかんでいるため、大規模な災害にならずにすんだ可能性も高いのです（地質や土質によって異なることも多いと思います）。森林を開発の名のもとに乱伐したり、管理や整備を怠ったことで、私たちは恐ろしく高いツケを払う羽目になったのです。私が声を荒らげたところで、発生した被害は戻ることはありません。

また、保安林は森林法（国の法律）で守られていると反論する人も出てくるかも知れません。

順を追って説明したいと思います。

森林の3分の1は「保安林」

日本の森林面積は約2，500万ヘクタールで、国土の約3分の2を占めています。そのうちの約3分の1以上が保安林です。面積にして実に12，261千ヘクタールを占めているのです（林野庁「森林・林業白書」による）。そして私たちの生活・暮らしに大切で必要な森林を保安林と呼んでいます。

その保安林も実に多種多様で、農林水産大臣が指定しているものが17種類あります（詳細は20ページの一覧表を参照）。このうち代表的なものは水源かん養保安林で、雨水や水を保つための森林です。

どこかのミネラルウォーターのＣＭで「おいしい水を確保するために森林を整備しています」、みたいなのがありましたね。森林が持つ環境と、おいしい水との因果関係では、環境省が選定している「名水百選」、そのほとんどが、森林の中にあることでも証明されていると思います。

またモニタリング結果でも、水質の改善が図られる、などの効果が現れていると報告されているようです。

ちなみに「森林率」では、世界の中で1位がフィンランド、2位は日本です。「森林面積別」では1位はロシア、2位はブラジルで……日本は23位です。

また土砂流出防備保安林も指定されています（土砂災害などを防ぐ働きをする森林のことです）。読んで字の如くですが、森林を整備することで、集中豪雨や局地的大雨（ゲリラ豪雨）などの大雨に襲われても、土砂災害は起きにくくなり、災害により強くより安全な生活環境を得ることができるのです。保安林はそれだけ私たちの生活に密接な関係があって、重要視されています。

その水源かん養保安林と、土砂流出防備保安林とを合わせると、保安林全体の約9割を占めています。

珍しい保安林としては魚つき保安林があります。あまり耳慣れない言葉かも知れませんが、海岸の入り江にある森林のことで、その森に囲まれていると、木陰ができて水温の急激な変化も防ぎ、微生物の働きによって落葉なども分解され、プランクトンも繁殖し魚類などの成長と繁殖とを助けているようです。

また牡蠣の養殖地で、生産性を高め味も良くするために、上流の森林を整備することから始めた、という話が実際にあります。浄化され、栄養分を豊富に含んだ水が、養殖場に流れ込むことで牡蠣もよく育ち、味もおいしくなるようです。

他には航行目標保安林もあります。飛行機や漁船等の船舶が港の位置を把握するための森林です。今では衛星からの電波で正確に誘導されていると思いますが、パイロットや船乗りにしてみれば目印、ランドマークとして、森林の位置や形を再確認できれば、安心して航行できるのかも知れません。森林にはそのような働きまである、ということを知って頂きたかったのです。

山菜やキノコも森林の恵み

比較的皆さんが関心のある、山菜採りやキノコ狩りについて、少し話をさせてください。筍、木の実、これらも森林の恵みのひとつです。

山菜といえば春はフキ、ワラビが一般的です。夏から秋にかけて旬とされている、様々な木の実やキノコもあります。

ツルに小さい実をつけるサルナシはキウイフルーツと同属で、

〝原種〟ともいわれています。しかもキウイのように表面に毛が生えていないことで、皮ごと食べることができ、寒さに当たることで果肉も柔らかくなり、甘みも増して一段と美味しくなるようです。これはかなり高い山に登らないと目にすることはできません。

また山林内ではシイタケも見られます。枯れたナラの木に自然に発生した天然のシイタケは、木の香りも強く味も濃厚です。その菌を培養して改良に改良を加えながら、シイタケの原木栽培を行ってきましたが、数十年前から菌床栽培も行われるようになり、スーパーなどでは原木栽培のシイタケ、菌床栽培のシイタケとして、別々に販売されるようになって、年間を通して生シイタケが食べられるようになりました。その菌床ブロックの多くが海外で製造されている、という話を聞いてそれにはたまげています。

草《クサ》木《ボ》瓜《ケ》という木の実も採れます。そのまま食べて美味とは言えませんが、焼酎漬けにすると色も香りも味もよい、果実酒として結構人気もあります。キノコについては第四章「山の楽しみ方」の中で、もう一度詳しく触れたいと思います。

森林の恵みは木材だけではない、ということがこれでご理解頂けましたでしょうか。

私たちの祖先は山・自然と共に暮らしてきたと思います。先人たちはそれらの恵みを衣・食・住に活かし、時には台風などの災害に遭い、苦難があったことなどが推測されます。

そうした様々な経験を積み重ねたことで、悠久の昔から森林を大切に守ってきたのだと思います。

風を防ぐ「防風保安林」、水を保つ「水源かん養保安林」、土砂災害を防ぐ「土砂流出防備保安林」などは、戦国時代以前から守られてきたようにも思えます。我が国では明治以降も安心で安全な暮らしが営めるようにと、森林を守り大切に育ててきたのです。

最初の森林法ができたのは「明治30年」

国では、そうした森林をあらためて法律で「保安林」と定め、勝手に立木や樹木を切ったり、道路などを造り森林を開発するなどの行為を禁じました。もう少し具体的には、明治30（1897）年に最初の森林法が制定され、昭和26（1951）年に改正されました（林野庁「林政年表」）。もともとの法律は、盗伐などの罰則規定が中心でしたが、薪泥棒の取り締まりよりは、森林資源の有効利用に資する法律に改めるべきだ、ということでもあったようです。

そして最終改正はごく最近で平成30（2018）年です。公益的機能を持った森林をもっと啓蒙すべきだ、という考え方が反映されての改正です。

しかし、立派な法律もきちんとした運用がされなければ、仏作って魂入れずということになってしまいます。

国土の保全を担う林業の業界は若い人が少なくなり、入社しても長続きしない、ほとんどの人たちが3年以内に退職してしまうという深刻な状況に陥っています。昔では考えられない状況です。我々の仕事はやりがいもあって、達成感も多く得られる仕事だと私は思っていますが……。それと近年は我々（職人）の職場にも、サラリーマンとしての働き方が少しずつ浸透してきています。それらを肌で感じている昨今です。時代の流れには我々も勝つことができないのです。

国有林・民有林別述べ面積

（林野庁ホームページを参考に作成）
（平成30年3月31日現在）（単位：千ha）

保安林種別	国有林	民有林	合計	対全保安林比率(%)
水源かん養保安林	5,700	3,504	9,204	71.1
土砂流出防備保安林	1,079	1,517	2,596	20.0
土砂崩壊防備保安林	20	40	60	0.5
飛砂防備保安林	4	12	16	0.1
防風保安林	23	33	56	0.4
水害防備保安林	0	1	1	0.0
潮害防備保安林	5	9	14	0.1
干害防備保安林	50	76	126	1.0
防雪保安林	0	0	0	0.0
防霧保安林	9	53	62	0.5
なだれ防止保安林	5	14	19	0.1
落石防止保安林	0	2	2	0.0
防火保安林	0	0	0	0.0
魚つき保安林	8	52	60	0.5
航行目標保安林	1	0	1	0.0
保健保安林	359	345	704	5.4
風致保安林	13	15	28	0.2
合計（延べ面積）	7,276	5,673	12,949	100.0

注1：兼種指定（同一箇所で2種類以上の保安林種に指定）されている保安林については、それぞれの種別にとりまとめた。
注2：単位未満四捨五入のため、計と内訳は必ずしも一致しない。

燻蒸処理　神奈川県森林公園

近年はカシノナガキクイムシが媒介する「ナラ菌」によって、コナラやミズナラなどが集団的に枯れています。胸高直径25cm以下には被害は比較的少なく、大径木になるほど多くかかってしまう傾向もあるようです。

若者に「次世代につなぐ森林づくり」を講義している著者

第二章

高学歴の人が就職してくるような林業に

天候に左右される山の作業

「森林整備作業員では子育てができない」、こう言って辞めた人がいました。哀しいかなこれが現実なのかも知れません。山の仕事は天気に左右され、平地で作業している建築現場や道路などの工事現場、それと農業と比べてみても、大きく異なります。あ、そうだ『山男の歌』がありましたね。その歌の通りです。山では急に天気が変わって雨が降り出せば、作業を中止して下山しなければなりませんが、里では雨が降っていた様子もなく、みんな普段通りに仕事していることが多いのです。

私の今までの体験から話をすれば、雨ばかりではありません。尾根付近で伐採作業をしていた時のことです。伐採木が倒れたと思った瞬間に、突然、突風（つむじ風か竜巻）が発生して、一瞬にして元の位置まで立ち上がり、狙った方向とまったく異なった方向に、倒れてしまったのです。

幸いにして事故には繋がりませんでしたが、それは身の危険も感じる怖いを通り越して、恐ろしさに震え上がってしまうできごとでもあったのです。今でもそのことが頭の中に鮮明に残っていて。それ以来、私は恐怖心が先立ち、チェーンソーを使っての作業が、極端に少なくなってしまいました。

仕事ができないと日給も払えない現実

雨、風、霧、雷、雹や霰、雪などの気象条件により、左右される日も多く、梅雨時や台風シーズン、降雪時期などは休業となる日も続き、年間では1ヶ月のうちに10日くらいしか働けない月が数ヶ月はあります。

大手の会社などが、新規に参入してくることは至難の業だとも思っています。我々の業界の体質を変えることも必要ですが、「働き方改革」、「高コストの改善」などと、問題は山積みです。

例えば月に10日しか働けないとすれば、1日1万円では10万円です。これでは家族4人の生活は……無理です。

これまでに会社を退職した人の約半数が、生活が立ちゆかないことを理由に挙げていました。

そのほとんどの方は、生活費の内訳として、家賃4万円、電気、ガス、水道代などの光熱費が1万円、税金その他の支払いだけでも毎月2万円は必要となり、食費やガソリン代を含めた車両関連費などが足りないと口を揃えて嘆いていました。「子供を大学や専門学校に通学させるとなると、教育費なども足りない上に、作業自体が典型的な3K（きつい、汚い、危険）ですからねぇ……」と話される方もいました。これらを退職理由にしていた人の中には、将来有望だと思える方もいて、無念な思いをしてきたのです。

多くの人が林業から離れていった

今では、山梨県内でも指折りの、大きな電気店を経営している友人がいます。彼自身高等学校を卒業すると同時に父親が経営していた、林業の仕事を手伝っていたのですが「もう銭金の問題じゃない、もうあのような酷い仕事はしたくない」、とその胸の内を明かしてくれました。

夜明け前のまだ暗いうちに家を出て、機材や燃料、弁当、飲料水など、10キログラム以上を背負って、標高800～1000メートル前後の現場に着けば、10時半頃となってしまいます。

それから急いでお弁当を食べ、昼休みも取らずに一生懸命働いても、半日分くらいの仕事量しか進まないので、日当も少額となってしまうのです。

帰りは暗くなって足元が見えにくい状況になると、事故や災害に繋がる可能性も高まってしまうので、明るいうちに車まで戻らなければ駄目だ、とも話していました。そんな大変さに閉口し、彼は林業から離れてしまったのです。

繰り返しになりますが、先ほどの３Ｋに今度は「給料が安い」が加われば４Ｋです。新型テレビじゃあるまいし、誰がそんな仕事をするんだと言うことになってしまうようです。

それと2時間近くも歩いて現場に着いたところで、雨や雪が急に降ってくれば、会社に戻っても昼頃となってしまうのですが、仕事をしていないために日当を支払うことができない、それが現実の話となってきます。

支援策とか助成策とか、荒天補塡とか、どれか1つでもあったなら、若い人たちも高学歴の人たちも、森林整備作業員を一生の仕事にしてくれるのではないのかな、と私は思ってしまいます。天気の優れない日は仕事になりませんし、日曜日や祝祭日が休みとなると、年間所得は最大でも３００万円。ほとんどの人たちはそれ以下となってしまいます。全産業の年間所得の平均より25パーセント以上も低く、年間では１４０万円以上も少ないのです。

林業従事者は非常に危険を伴い、過酷な労働の割には給料も、そして年間所得も低いのが実情です。

金融緩和という言葉もよく耳にしますが、タテマエと実態とでは、かなりかけ離れているようです。銀行の融資担当者の方は「林業」というだけで、一千万円くらいしか融資できないと話されます。それでは困るので今度は保証会社に行って、説明してお願いもしてみましたが結果は同じでした。私は融資するシステムの中で、目詰まりを起こしている部分が、あるように感じ取れてしまいました。

本当に担当者の歯切れも悪いのです。

私が、「もしこの仕事を土木屋さん、造園屋さんが請負ったとしたら、融資はどうなるのですか?」と伺ったところ、『林業会社』でなければ、ほぼ望み通りに融資できると話されたのです。これには一体、どのような深い意味があるのか、全く分かりませんが、理屈になっていないのです。請負う「土木・造園の会社」と「林業の会社」とでは、全く同じ林業の仕事であっても銀行の対応が、このように異なってくるのです。貸し倒れの危険は何としても避けたい、ということなのでしょうか。ですが、どう考えてみても理解に苦しむのです。百歩譲ってお互いにビジネスなのだ、そこまでは理解できることにしたいものです。

返済計画や過去の売上など、全ての必要書類を提出していますし、借り入れたお金の使い道だって全部ガラス張りです。

それでも「林業は……」という扱いを受けます。

第一次産業の林業には、特別厳しいように思えてなりません。悔しいですね、本当に悔しいですよ。これから一体どうしたらよいのでしょうか。

銀行や保証会社がそういった感覚ですから、役所は推してしるべしです。径路工（新設・修理）、丸太筋工、丸太柵工、丸太積工、それと石積み工や山腹基礎工（かご枠土留工）、コルゲート組立工、鋼製土留柵工等々の工事の発注に関しては、「これらは林業の中でも森林土木の範疇だ」と、言われます。

我々も免許や資格、それと技術なども持っているのに、残念にも思えてしまい、心も深く傷つきます。これまで何度そんな思いをしてきたことでしょうか。

「山師」の手数料

もうひとつ皆さんに知って頂きたいことがあります。我々は山師と呼んでいますが、山の仕事には口利きだけの業者もいます。

それなりに山の仕事に必要な免許や資格、そして契約などの実績もあるのかも知れませんが、入札で仕事を取れたとしても、現場の仕事はこちらに回してくるというケースです。

そして、会社も経費が必要だからといって、請負金額から約2割分のお金を抜いてしまうのです。2，000万円の2割の400万円ですかね。それらの手数料を引いた額の、1，600万円で仕事をしてほしいと話されます。

ケース・バイ・ケースかも知れませんが、その仕事を請負わないと仕事が全く無くて業務も止まってしまい、やむを得ず契約して、工事を完成させます。入金後に諸経費などの支払いを済ませ、収支計算すると、それ相応の赤字となっていることも多いのです。

下請で林業の会社の経営を続けるということは、極めて厳しく至難の業だとも思えます。手数料を払い、尚且つ国税、県税、市税を払ってとなると、それを考えただけで背筋が凍りつきます。はっきりいって林業はそんなに利益があがる仕事だとは、私には思えません。先程の手数料（400万円）を払ったと同程度の金額が、赤字となってかえってくることも多いのです。

法人の会社で赤字を出す、それは許されないことですが、従業員を年間を通して雇っておくために、赤字覚悟で勝負することもあります。

また林業は、年間を通して仕事量を確保しにくいということが、ずいぶん前からの課題ともなっているのです。

私は二十数年前に大きな夢と希望を抱き、また複雑な気持ちを持って髙橋林業を開業しました。その同じ年に市内では76名が起業したそうです。それから3年の月日が流れて、担当者に残っている会社は?と尋ねたところ、5社のみですと話され、現在は、と尋ねると2社だけです、と話されていました。

会社を切り盛りして、経営を続けていくということは、本当に大変なことなのです。何とも「痛し痒し」です。

二十数年前に私と従業員2人と、3人で始めた会社ですが、初年度の売上は確か150万円程で、1人分の生活費にも足りませんでした。でもそこから営業努力を重ね、今では従業員11人、下請の会社は2~5社、年商はというと1億8,000万円くらい。もうすぐ2億円に手が届くところまできました。

創業当初と比べると100倍以上となり、正直会社を立ち上げた当時の私には、1億8,000万円程の売上になるなんて、とても想像ができませんでした。

社長のたいへんさ

「社長」という言葉は、とても響きのよい言葉で、そういう立場に憧れる若い人たちも多いのかも知れません。昔風の言葉ですが一国一城の主、といったところでしょうか。

でも現実はそんなに甘くはないのです。社長は従業員とその家族の生活も心配してしまうのです。そして、その全てを負っている立場ですから本当に大変です。

例えば、天気や諸事情で仕事ができない、また仕事がない日が続いてしまうと、家計のやり繰りがつかないため、退職してしまう人が多くなります。それらを考慮すれば給料の最低保証は必要で、とても大事なことのように私には思えてしまうのですが……。

従業員を「大きく育て」、そして「技」を磨くという観点からしても、私は必要だと考えています。

金融機関が林業にも公平に、運転資金を融資して頂けたならば、厳しい時期でもなんとか、やり繰りもつくものです。しかし前にも述べた通りの状況ですから、私は自宅に抵当権を付けて資金を工面し、会社を続けているのです。業界では上位を争う会社の経営者だ、といったところで内情はこんなものです。

社長のシンボルはシワとハゲ、と言った人もいるそうですが、案外その苦労を考えると、言い得て妙なのかも知れません。

税金と給与の他に、設備投資も社長の大事な仕事の1つです。従業員全員にパソコンを持たせ、ＩＴを活用した森林の管理といった取り組みを定着させようと、教育も行っています。

最新の機械はご多分に漏れず、軽くて効率も良くストレスなく使うことができて、負担の軽減にも繋がっています。私としてもできるだけクリエイティブな、仕事に変えていきたいのです。

国民の暮らしを守っている「森林」

我が社には大学を中退した従業員はいますが、4年制の大学を卒業した者はいません。高学歴の方で森林整備作業員として携わっている人は、我々の職場には本当に少ないように思います。「林業のこれから」は学歴優先だとか、そういうことを言っている訳ではありません。

官公庁や大手の会社、マスコミでもいい、そういった企業から引く手あまたのような若者たちが、森林整備作業員を就職先の候補に入れて頂けるような、魅力のある林業であってほしいのです。

またそうでなくてはいけないと思っています。

林業がいかに大切なのかは前述させて頂きましたが、私には、森林整備作業員は、自衛官や警察官と同じように観えてしまいます。我々も、「国土の保全」の礎と「国民の命と暮らし、財産」を守っているのです。我々も必要不可欠で『国土整備隊&県土管理官』なのかも知れません。その点は海外の林業先進国（ドイツなど）から、学ぶことが必要かも知れません。

林業従事者は、昭和30年頃、全国で約50万人を越えていましたが、その後は減少の一途を辿っています。

平成27年度には10分の1の約5万人まで減少してしまったのです（総務省「労働力調査」「国勢調査」、林野庁「森林・林業白書」）。

林業従事者約5万人で、「日本の国土の約70パーセントを占める山、森林」の保全を守れ、というのは少し無理があるように、私には思えますが、皆さんはどう思いますか？

林業が完全に滅ぶ時は、日本が滅ぶ時。逆に、日本の再生は、林業の再生から、と言えるのかも知れません。

我々が作業を行う森林内の危険な場所や、慣れない現場での作業は設計時より実際に従事する員数の方が、多くなってしまう傾向があって、支払う賃金は12，000円前後となってしまいます。

これらの支給金額はどこの林業会社でも、現状では大きな違いはないと私は思っています。

　ですが、設計書に使用されている特殊作業員の単価はもっと高額で、１・０人当たり2万5，９００円（神奈川県の令和4年度の特殊作業員の単価）です。つまり、支払う賃金が設計金額の半分以下となってしまい。従業員には申し訳ないと思っています。

　何か妙案があれば教えてほしいところですが……。

土壌保全工　丸太積工
山北町玄倉　地内

鋼製土留柵工
相原市緑区相模湖　地内

新入社員に間伐作業を指導
相模原市緑区牧野　地内

第三章

山で働くということ

私の学んだ「学校」

私の人生は山と共にありました。

政令指定都市──相模原。といっても家は山付きですので、学校が終わると、山遊びや野遊びに夢中となっていました。その頃は私にとって山（自然）が公園だったのです。自然や、森林とたくさん触れあったことで、感性や情緒なども学んだようです。

昔は、山林の手入れも農家の大事な仕事のひとつでした。下草を刈って飼い葉や堆肥として利用したり、枯れた木は切って薪に使用したりしていました。

近年は病にかかった立木（松くい虫・ナラ菌・ツカハダゴマダラカミキリ等）で枯れた樹木も、山林内に放置されたままで、様々な病が拡散しているように私には観えてしまいます。

株式会社髙橋林業　遠景
相模原市緑区牧野　地内

近頃は人類もコロナ禍で、これからは田舎に移住する人も増えてくるかも知れません。

私は自然な成り行きで、中学校卒業後は旧県立愛林青少年訓練所に入所して、本科2年、研究科1年を修了した、ちょうどその頃、様々な学制が変わる過渡期でもあったのかも知れません。4年目は新しくできた、旧県立林業研修所に移ることになり、そこで特別研究科の授業と実習（実技）を学び、全課程の4年間を修了することができました。

同時に、県立湘南高等学校通信制普通科も、卒業することもできました。今では毎週日曜日に通学していたことが懐かしく想い出されます。

私はそうした学舎で学びましたが、人生は長いのです。学校を卒業してから、日本人の平均寿命までは半世紀以上もあるのです。本当の勝負（勉強）はそこからです。私は「人間は死ぬまで勉強（闘い）だ」、と思っていますし、私の人生経験からしても夢は叶うと思えます。ウサギとカメの話もあるではないですか……。不可能と思っても限界を突破し、大きな夢をつかみ取ってほしいのです。

この歳の私でも夢を持ち続けているのですから……。

林業技術職として山梨県庁に採用されました

「神奈川県と山梨県とは隣接県」と言えば、そうなのかも知れませんが、心理的な距離はずいぶんあったように思います。親戚、そして知人もいませんでした。

甲府の街に最初に足を踏み入れた時の感想は、決して住みにくい街ではなかったのですが、「遠いところに来てしまったなァ～」と。よそ者意識を持ってしまった、部分があったのでしょうか。

高等学校を卒業して、山梨県に採用されて公務員になった訳ですが。事務所でツクエに向っている時間はほとんどありませんでした。半世紀以上前の話ですが、林業技術職ですので、毎日、県有地内の森林の中で調査や測量の仕事をしていました。天気の優れない日は机に向かい図面を書き、設計書などを作成していたのです。

ある時、父親が車がないと何かと不便だろうといって、飼っていた牛を売って新車を購入してくれました。

その当時は、甲府市内を走っている車のほとんどが山梨ナンバーで、相模ナンバーの車に乗っているのは私くらいでしたね。「相模《さがみ》」を「相撲《すもう》」と読み間違えられたのも、山梨県内ではそれだけ珍しいナンバーだったのかも知れません。

今では、中央自動車道（中央道）を利用すると甲府市まで車で55分くらいですが、当時は田舎のでこぼこ道で1時間45分くらいかかったように思います。もちろん実家からの通勤は無理ですから、甲府市内に住んでいました。

山梨県に30年間勤務して「一番印象に残っていることは」、と聞かれたりしますが、私は22歳の時に父親を亡くしたことだ、といつもそう答えるのです。ある日「行ってくるよ」、と元気に出かけた父でしたが、そのまま帰ってこなかった。実家を自ら建て替えている最中でしたが、完成を目前にして事故で亡くなってしまったのです。私も若かったもので心労が重なり、病院に入院していたことなどが想い起こされます。

これからどうしようかと途方に暮れていたのですが、上司が同情してくださって、実家から通勤できる、「北都留合同庁舎」の中にあった「大月林務事務所」に異動すれば良いと、転勤させてくださいました。いま考えてみると父親の急死が私の人生の中でも、一番の転機だったように思えます。

それと30歳を過ぎた頃より「日本の林業はこのままではいけな

い」、という思いが私の心の中で芽吹いて来ました。林業が右肩上がりから、少しずつ全体が下方に向かいだし苦しくなっていった、そんな時期でもあったのです。

山梨県は、県ならではの特殊事情もあって、農家ではモモやブドウ、そして甲州ワインなどの名産品を生みだす努力も続け、また新設道路なども造り、観光客を呼ぼうとしていました。武田信玄の時代から温泉は豊富でしたので、リゾート開発などにも力を入れていたようです。

山なんて邪魔だと言わんばかりのようでしたが、私は職業柄一貫して林業をバックアップする、という立場で仕事をしていました。

会社設立、町議にも当選

49歳の時、一念発起して山梨県林務部職員を退職しました。

退職したいと申し出た時、上司は猛反対されました。ですが退職する、という私の意志に変わりはありませんでした。退職後すぐに髙橋林業を創業し、町議会議員にも立候補して、当選することもできました。地元を始め大勢の皆様の、ご支援を頂けた結果ですし、今でも本当に感謝をしています。またすぐに、山梨県内の森林組合に、参事として採用もして頂けました。

山梨県の林務部の職員を49歳で退職したというのは、30年という節目の年でもあり。以前に2人の旧藤野町の議長経験者が「町議会議員は50歳前に出馬した方が良い」、というアドバイスを私にくださっていたのです。大先輩の言葉の深みと重みの意味が、今となって理解できるようになっています。

30年の習慣というものは大変なもので、いつもの時間になると目が覚めるんです。上着を着てズボンをはいて、さあ行くぞと思ったところで、あぁ～俺はもう退職したんだ。と気持ちを入れ直すことが何度もありました。

それはそれとして、人生の目標に近づく大きな決断でもあったように思います。

私は約30年間林業に関わる行政の一端を担ってきたので、この分野では誰にも負けられない、負けたくないという気持ちもあったのですが、森林組合で参事、参与の職責を担うなかで、新たに学んだ事も多かったと思います。特に資金繰りについてはとても勉強になり、今でもそれらを活かして仕事をしています。

また、その当時の社会保険労務士さんに、福利厚生の専門的な事柄についてご教示を賜り、それらも結構参考になっています。

30種類に及ぶ免許・資格や講習

前にも述べたように様々な役職を経て学んだことも多く、林業に携わるには免許・資格など沢山の講習の習得が必要だ、ということなども分かってきたのです。基本的な道具としては、まずチェーンソーが挙げられますが、我々が使用するには、18時間の講習が義務づけられています。また、丸太を搬出するのに必要なワイヤーを張る作業では、国家資格の免許が必要になっています。

つまり、森林整備作業に従事するには、30種類ほどの資格などを取得・習得する必要がある、といったことなども分かってきたのです（66〜69ページの一覧表参照）。入札などに有利となる「林業技士」（日本林業技術協会による資格）は、受講（受験）資格として、14年以上の実務経験が必要となっています。

（株）高橋林業は、高齢者の雇用促進に応えていない、と言う方もいますが、まずはこうした資格の実態について、知ってほしかったのです。

例えばですが、52歳で新人の方が入社したとします。仕事をして頂くには、その作業に必要な免許や資格、講習などを取得して頂くのですが、我が社の就業規則・規定の第3章第4節、定年及び退職（定年等）第50条では65歳が定年の年齢となっています（64、65ページ参照）。退職までの勤続年数が13年程では「林業技士は14年以上、流域森林管理士（県）は5年以上の実務経験が必要」、と定められていますので、免許や資格、講習などを取得している途中で定年を迎えてしまうのです。ですからその年齢での入社は、会社に貢献するとは言えないと思ってしまいます。

実際に直近の9年間で、従業員にできる限りの免許や資格を取得して頂きましたが、思ったより多くのコストがかかってしまったのです。

もちろん、補助金や助成金なども活用させて頂いていますので、全部が全部、会社の負担ではありませんが。

どうしてそこまでするのか、と問われると答えはとても簡単です。

無資格で作業をしてもらうと、事故や災害も多くなってきます。

また、資格を取得すると、見える世界や景色も大きく変わってきます。

例えば、貴方がチェーンソーの講習を18時間受けて、試験に合格したとしましょう。次の日から山（森林）に入って、我が社の従業員と同じように、チェーンソーを使い、設計書一人工当たりの伐採本数50本が切れますか？という話です。

私の経験からしても、それらの本数が切れるようになるまでには、多くの人たちは7年近くはかかってしまったように思います。ただ自分は有資格者だ、という自信や自負を抱いて作業することが出来れば、決してマイナスには作用しません。

それがとても大事なことなのです。

現在、我が社には3人の林業技士の資格保有者がいます。

林業技士は県内、ひいては国内の林業業界の中でも、その保有率はそれほど高くはないと私は思っています。

林業技士の資格を取得しますと、講師として講義、講演会など林業全般にわたり幅広く指導や助言ができますし、具体的には森林計画や造林等の計画書などを作成したり、また作業道（路）などの路線の選定や測量、設計、積算とその全てを任せたりすることができます。

県の資格としては次の2つがあります。

1つ目は「流域森林管理士」です。この資格は、地域の森林づくりを総合的にマネジメントできる、知識や技術を身につけた指導的人材を育成するためのものです。我が社にはこの資格保有者は5人いて、この資格取得を目指して猛勉強している従業員もいます。

2つ目は「森林整備基本研修」で、未来の主任技術者にふさわしい、人材の育成を目的として開講されています。この資格については全員が受講を修了しています（事務員は除く）。ですから我が社の資格保有率は、全国の林業会社の中でも高いほうだと思っています。

逆にいうと、林業の職種は免許や資格の保有率は、土木関連などの仕事と比べてみても、高くない、という現実があるようにも思えます。

林業従事者は一朝一夕には育たない

元号が令和に変わった直後の10連休で、これでは生活できなくなる、という声が労働弱者の間で多く聞かれたように思います。

林業従事者も年間を通じ、そうした課題に常に直面していたのです。

経営者の立場からも、次のようなことが言えます。多くの新人たちは、機材・器具、チェーンソーや小道具（山道具）を持って、傾斜地（山地の斜面）を歩く、そのこと自体が大変な労力を要する仕事になってしまい。山地を平地と同じように、縦横無尽に歩けるようになるには、4年近くかかったように思います（個人差もあります）。

それと我が社がどうして資格取得にそこまで力を入れるのかを、もう少し説明させて頂きたいと思います。

車の免許を取得するには、多くのお金も時間も必要です。だからといって無免許運転が許されますか？

私には、有資格者を育てることで、中長期的には我が社のみならず日本の林業に貢献できる、との思いがあるからです。

今では、森林整備作業員も「医師」や「弁護士」と同じくらい頭を使い、気も使う、大変な仕事かも知れないと思っています。

我が社では、森林管理や整備、それと立木を切って丸太を運び出す技術だけでなく、パソコンを使いコスト計算もできるように、教育も行っています。そうしたスキルアップと、仕事とを両立させるための環境は、雇っている側が整えていかなければなりません。ですが我が社のような小さな会社では、企業努力といわれても本当に限界があります。国や県、市区町村には、助成策や支援策のようなシステムをもっと拡充してもらえたなら本当に助かります。それと従業員を教育すると、より安全に、より早く仕事を完成させることができて、会社のあがりも高くなります。

そして、これには3つの考え方ができます。1つ目は会社の負担を軽減できるということです。2つ目は会社のお金だけでなく税金まで使っている、ということで勉強するモチベーションが上がります。3つ目は免許・資格・講習などを取得、習得して頂くことで事故も減り、年千人率（1年間の労働者1，000人当たりに発生した死傷者数の割合）が必然的に下がってくると私は思っています。

その年千人率を、平成26年度で調べてみると、全産業の平均は2・3人、林業は26・9人となっています（159ページ厚生労働省資料参照）。少しくらいは事故や災害が多いのかも知れない、と想像もしていたのですが、これだけ死傷率が高いとは……。本当に驚くべき数字です。林業は他産業と比べても10倍以上も事故が多いのです。「気を付ければ大丈夫」、「少しぐらいは大丈夫」、が災いの元になっているように、私には思えてなりません。

林業は木材の搬出作業を始めとして、たくさんの多種多様な工種の作業があります。今は関係が少ない、今は必要ないと思われる仕事であっても、それなりに関連性が出てくるものが多いように思われます。

林業の仕事を続けたいと思うなら、私は免許・資格や講習は早目に取得・習得したほうが良い、と近頃は思っています。

今日、我が社の従業員は30代が中心で、各自のデスクの上にパソコンが1台ずつあります。もっとクリエイティブな仕事に変えていきたいとの想いから、そのような取り組みなども試みてきました。

若者たちが、就職先を森林整備作業員に選んで頂けたなら、とも発言もしてきましたが、何の努力もしないで、そんな夢物語を口にしてはいけません。

日本の林業の100年先を見据えれば、若者たちに免許・資格、講習を1日でも早く、1つでも多く取得・習得して頂くことが必要だと私は考えます。そして「林業のこれから」はそうした人材を必ず求めてくるはずです。

手入れの行き届いた森林と、それらを維持、管理できる人材が育てば、自分の人生の歩みは間違いではなかった、と言えますが……。

山と共に生きてきた人生、まだ100パーセント満足とは思えませんが、間違ったことはしてこなかった、というひそかな自信が私にはあります。

丸太積工　施工前　全景
相模原市緑区青山　地内
斜面（崩壊地法面）の土砂の流出が続いています。

丸太積工　施工後　全景
相模原市緑区青山　地内
法面表土の移動を防ぎ、雑草木の発生を促します。

（写）

就業・規則 規定

株式会社　髙橋林業

第４節　定年及び退職

（定年等）

第 50 条　従業員が満 65 歳に達した日以降における最初の 3 月 31 日を退職日とする。

2　前項にかかわらず、定年に達した従業員が希望する場合は、定年に達した日の属する月の翌月の初日から満 65 歳に達する日の属する月の末日までを限度として、嘱託職員として再雇用する。ただし、契約期間、賃金、及びその他の労働条件については、嘱託職員規程によるものとする。

3　前項の再雇用に当たり、労使協定を締結し、嘱託職員契約を締結する従業員の基準を定めることがある。

※年度で退職日を決める場合
1　従業員が定年に達した時は、定年に達した日以降における最初の 3 月 31 日を退職日とする。ただし、定年に達した者でも、希望する場合は、嘱託職員として再雇用する

（退　職）

第 51 条　従業員が、次の各号のいずれかに該当するに至ったときは退職とし、次の各号に定める事由に応じて、それぞれ定められた日を退職の日とする。

（1）　本人が死亡したとき…死亡した日
（2）　定年に達したとき…定年年齢に達した日の属する月の末日
（3）　休職期間が満了しても休職事由が消滅しないとき…期間満了の日
（4）　本人の都合により退職を願い出て会社が承認したとき…会社が退職日として承認した日
（5）　前号の承認がないとき…退職届を提出して２週間を経過した日
（6）　役員に就任したとき…就任日の前日
（7）　従業員の行方が不明となり、１か月以上連絡がとれないときで、解雇手続をとらない場合…１か月を経過した日
（8）　従業員が解雇された場合…解雇の日
（9）　その他、退職につき労使双方合意したとき…合意により決定した日

（自己都合による退職手続）

第 52 条　従業員が自己の都合により退職しようとするときは、原則として退職予定日の１か月前

までに、遅くとも２週間前までに、会社に申し出なければならない。退職の申出は、やむを得ない事情がある場合を除き、退職届を提出することにより行うものとする。

2　退職の申出が、所属長により受理されたときは、会社がその意思を承認したものとみなす。この場合において、原則として、従業員はこれを撤回することはできない。

3　退職を申し出た者は、退職日までの間に必要な業務の引継ぎを完了しなければならず、退職日からさかのぼる２週間は現実に就労しなければならない。これに反して引継ぎを完了せず、業務に支障をきたした場合、懲戒処分を行うことがある。

4　業務の引継ぎは、関係書類を始め保管中の金品等及び取引先の紹介その他担当職務に関わる一切の事柄につき確認のうえ、確実に引継ぎ者に説明し、あるいは引き渡す方法で行わなければならない。

（退職及び解雇時の手続）

第53条　従業員が退職し、又は93条の規定により解雇された場合は、会社から貸与された物品その他会社に属するものを直ちに返還し、会社に債務があるときは退職又は解雇の日までに精算しなければならない。また、返還のないものについては、相当額を弁済しなければならない。

2　従業員が、退職し又は解雇されたときは、会社は、賃金等について次の各号に定める時期に支払うものとする。

（1）　通常の賃金……退職日を含む賃金支払期間に係る賃金支払日

（2）　臨時の賃金……原則、前号と同様。ただし、退職又は解雇した者から請求があった場合に限り、請求があった日から７日以内

（3）　退職金……退職日後１か月から２か月までの範囲内で退職金規程に定める時期

3　会社は、その他必要な手続を行う。また、従業員の権利に属する金品について返還するものとする。

4　退職し、又は解雇された従業員が、退職証明書、解雇理由証明書等を請求したときは、会社は遅滞なくこれを交付するものとする。

5　退職し、又は解雇された従業員は、退職し又は解雇された後もその在職中に行った職務、行為並びに離職後の守秘義務に対して責任を負うものとする。

6　退職し、又は解雇された従業員が、前項に違反し、会社が損害を受けたときには、その損害を賠償しなければならない。

7　定年退職、自己都合退職、解雇の区別を問わず、従業員は退職し又は解雇となる場合には、退職日の５日前までに「競業禁止及び守秘義務に関する誓約書」を会社に提出しなければならない。

（退職後の競業避止義務）

第54条　従業員のうち役職者、又は企画の職務に従事していた者が退職し、又は解雇された場合は、会社の承認を得ずに離職後６か月間は日本国内において会社と競業する業務を行ってはならない。また、会社在職中に知り得た顧客と離職後１年間は取引をしてはならない。

山の仕事に必要な免許・資格

令和2年8月現在

No.	資格名	課程
1	伐木等の業務に係る特別教育（小径木）	令和2年8月1日より、「チェーンソーによる伐木等特別教育」に統合。9時間の学科、9時間の実技を受けた者に教習機関等から修了証が与えられる
2	伐木等の業務に係る特別教育（大径木）	
3	刈払機取扱作業者安全衛生教育	5時間の学科、1時間の実技を受けた者に教習機関等から修了証が与えられる
4	かながわ森林塾「森林整備基本研修」	神奈川県の森林整備業務を行うために必要。5日間の研修後、神奈川県から修了証が与えられる
5	林業作業士（フォレストワーカー）	緑の雇用3年間修了後、研修実施機関から修了証が交付される。申請により農林水産省が備える研修修了者名簿に登録される
6	流域森林管理士	県の森林整備業務の主任技術者または現場代理人の経験を3年以上要する。4年間の間に74日間の研修と「※1必要な全ての免許、資格」を4年間で取得すると流域森林管理士として神奈川県知事より証明証が与えられる
7	林業技士	実務経験が14年以上必要。レポートを提出し合格した後4～5日間のスクーリング研修を受けた後学科試験があり合格者（60点以上）のみに林業技士として登録証が与えられる
8	技術士	森林部門の高度な専門的知識が必要。筆記試験・口述試験に合格した者は国に登録手続きを行い資格が与えられる
9	普通自動車免許	MT車（マニュアル）の免許を取得したほうが良い。学科教習26時間、技能教習34時間（最短）の教習を受け学科試験、技能試験に合格した者に都道府県公安委員会から免許が与えられる
10	大型自動車免許	最大積載量6.5t以上のトラックなどの運転に必要。学科教習5時間、技能教習26時間（最短）の教習を受け学科試験、技能試験に合格した者に都道府県公安委員会から免許が与えられる

山の仕事に必要な免許・資格

令和2年8月現在

No.	資格名	課程
11	大型特殊自動車免許	車両系建設機械などを公道で運転するために必要。学科教習20時間、技能教習46時間（最短）の教習を受け学科試験、技能試験に合格した者に都道府県公安委員会から免許が与えられる
12	普通自動二輪免許	学科教習26時間、技能教習19時間（最短）の教習を受け学科試験、技能試験に合格した者に都道府県公安委員会から免許が与えられる
13	車両系建設機械（整地・運搬・積込み用及び掘削用）運転技能講習	13時間の学科、25時間の実技を受け修了試験に合格した者に労働局長登録教習機関から修了証が与えられる
14	不整地運搬車運転技能講習	7時間の学科、4時間の実技を受け修了試験に合格した者に労働局長登録教習機関から修了証が与えられる
15	荷役運搬機械等によるはい作業従事者に対する安全教育	5時間の学科を受けた者に教習機関等から修了証が与えられる
16	はい作業主任者技能講習	12時間の学科を受け、修了試験に合格した者に労働局長登録教習機関から修了証が与えられる
17	地山の掘削及び土止め支保工作業主任者技能講習	3年以上の実務経験を要する。17時間の学科を受け修了試験に合格した者に労働局長登録教習機関から修了証が与えられる
18	木材加工用機械作業主任者技能講習	3年以上の実務経験を要する。16時間の学科を受け修了試験に合格した者に労働局長登録教習機関から修了証が与えられる
19	安全衛生推進者養成講習	10時間の講習を受けた後、教習機関等から修了証が与えられる
20	普通救命講習	3時間の講習を受けた後、消防長が発行する修了証が与えられる
21	モノレール取扱主任者講習	メーカー所定の講習を受けた後、モノレール工業協会会員メーカーから修了証が与えられる

木材搬出等に必要な免許・資格

令和2年8月現在

No.	資格名	課程
1	小型移動式クレーン運転技能講習	学科13時間、実技7時間を受け修了試験に合格した者に労働局長登録教習機関から修了証が与えられる
2	玉掛け技能講習	学科12時間、実技7時間を受け修了試験に合格した者に労働局長登録教習機関から修了証が与えられる
3	フォークリフト運転技能講習	学科7時間、実技24時間を受け修了試験に合格した者に労働局長登録教習機関から修了証が与えられる
4	車両系木材伐出機械（伐木等機械）運転特別教育	6時間の学科、6時間の実技を受けた後、教習機関等から修了証が与えられる。運転できる機械：（ハーベスタ・プロセッサ・フェラーバンチャ・木材グラップル機・グラップルソー）講習にてどの機械を使って修了しても他の機械も運転可能
5	車両系木材伐出機械（走行集材機械）運転特別教育	6時間の学科、6時間の実技を受けた後、教習機関等から修了証が与えられる。運転できる機械：（フォワーダ・スキッダ・集材車・集材用トラクター）講習にてどの機械を使って修了しても他の機械も運転可能
6	車両系木材伐出機械（簡易架線集材装置等）運転特別教育	6時間の学科、8時間の実技を受けた後、教習機関等から修了証が与えられる
7	機械集材装置の運転業務に係る特別教育	6時間の学科、8時間の実技（ワイヤーロープの取扱いの実技を含む）を受けた後、教習機関等から修了証が与えられる
8	林業架線作業主任者	筆記試験に合格すると取得できる。（※1　学科50時間、実技50時間を受け学科試験を合格（60点以上）した者に都道府県労働局長から免許が与えられる）
9	林内作業車使用集材作業安全教育	6時間の学科を受けた後、教習機関等から修了証が与えられる

流域森林管理士に必要な免許・資格

令和2年8月現在

No.		資格名	課程
山の仕事に必要な免許・資格	1	伐木等の業務に係る特別教育（小径木）	令和2年8月1日より、「チェーンソーによる伐木等特別教育」に統合
	2	伐木等の業務に係る特別教育（大径木）	9時間の学科、9時間の実技を受けた者に教習機関等から修了証が与えられる
	3	刈払機取扱作業者安全衛生教育	5時間の学科、1時間の実技を受けた者に教習機関等から修了証が与えられる
	13	車両系建設機械(整地・運搬・積込み用及び掘削用)運転技能講習	13時間の学科、25時間の実技を受け修了試験に合格した者に労働局長登録教習機関から修了証が与えられる
	14	不整地運搬車運転技能講習	7時間の学科、4時間の実技を受け修了試験に合格した者に労働局長登録教習機関から修了証が与えられる
	15	荷役運搬機械等によるはい作業従事者に対する安全教育	5時間の学科を受けた者に教習機関等から修了証が与えられる
	20	普通救命講習	3時間の講習を受けた後、消防長が発行する修了証が与えられる
木材搬出に必要な免許・資格	1	小型移動式クレーン運転技能講習	学科13時間、実技7時間を受け修了試験に合格した者に労働局長登録教習機関から修了証が与えられる
	2	玉掛け技能講習	学科12時間、実技7時間を受け修了試験に合格した者に労働局長登録教習機関から修了証が与えられる
	4	車両系木材伐出機械（伐木等機械）運転特別教育	6時間の学科、6時間の実技を受けた後、教習機関等から修了証が与えられる。 運転できる機械：（ハーベスタ・プロセッサ・フェラーバンチャ・木材グラップル機・グラップルソー）講習にてどの機械を使って修了しても他の機械も運転可能
	5	車両系木材伐出機械（走行集材機械）運転特別教育	6時間の学科、6時間の実技を受けた後、教習機関等から修了証が与えられる。 運転できる機械：（フォワーダ・スキッダ・集材車・集材用トラクター）講習にてどの機械を使って修了しても他の機械も運転可能
	6	車両系木材伐出機械（簡易架線集材装置等）運転特別教育	6時間の学科、8時間の実技を受けた後、教習機関等から修了証が与えられる
	7	機械集材装置の運転業務に係る特別教育	6時間の学科、8時間の実技（ワイヤーロープの取扱いの実技を含む）を受けた後、教習機関等から修了証が与えられる
	8	林業架線作業主任者	筆記試験に合格すると取得できる。 （※1　学科50時間、実技50時間を受け学科試験を合格（60点以上）した者に都道府県労働局長から免許が与えられる）

※1　林業架線作業主任者講習　実施県：山梨県ほか※増加傾向にあります。

裏山で山遊び、野遊び
地区の子供達と52歳の頃

第四章

山の楽しみ方

山の楽しみ

ここまではもっぱら、林業の大変さについて語ってきました。読んでくださっている皆さんからは「辞めたいとか思ったことはありませんか」、といった声が聞こえてきそうです。

実際、取材などでそうしたことを聞かれたこともありますよ。仕事を辞めたいとか思ったことはありませんね。まぁ私も人間ですから「なんでこんなきつい仕事を選んだのだろう」、とそういった想いを抱かなかった、といえば嘘になりますけど。

でも山は空気も美味しく、街中とは一味違いますし、身も心も引き寄せられてしまいます。そして何より気持ちも落ち着きますし、心も穏やかになって、そして癒されます。

私が感じていた仕事の楽しさが、今の若者たちにそのまま受け入れられるかどうか分かりません。しかし私自身今でもちょっと不思議なのですが仕事もあまりきついと、つらいのを通り越してハイになってしまう、ということが実際にありました。

20年以上前の話ですが、このままでは工期内の完成は無理だ、ということで愛弟子と正月早々、元旦に山に入ったんです。その日は午前10時頃に雪が降ってきました。汗と雪とで濡れてしまって服が重いのです。愛弟子に「脱いだら着られなくなりますよ」と言われたのですが、最後には下着まで脱いで雪がしんしんと降り続く中、上半身裸で作業しました。

「心頭滅却すれば火もまた涼し」という名言がありますが、まさしくそんな感覚ですね。真冬に滝に打たれる修行だっておそらく、水温は氷点下じゃないですか、少なくとも体感的には。本当に不思議なのですが、仕事に集中し夢中になっていると寒さとか感じないんです。

現場に通勤するための除雪作業です。
厚木市下荻野　地内

「シャツを脱いだら着られなくなりますよ」と言われましたが、体が火照ってしまうからなんですね。

本当にあの時は、一度脱いだ服を着る気になれませんでした。暑いし重いし、もちろんこれは私の個人的な体験であって、若い人には理解されないでしょうし、いわんやそんな仕事を押し付ける訳にはいきません、ブラック企業どころの騒ぎではない。

雪の中だから一面ホワイトだなんて、駄洒落で済まされる話でもない。という話は置いといて、山の楽しさについて話をしたいと思います。

山で見かける毒キノコ

キノコ狩りの話は先ほど少しさせて頂きました。キノコはミネラルが豊富で低カロリー、免疫力をアップし腸内環境を整え、女性にも喜ばれて、身体にもうれしい食べ物です。だからこそ安全に楽しんで頂きたいと思っています。いうまでもなく毒キノコもありますから気をつけてもらいたいと思います。

日本には、3000を超え5000種類（図鑑などによって差異があります）のキノコがあると言われています。裏山から採取したキノコを、食べられるかどうかを調べてみました。

16種類ほど採取しましたが、毒キノコは次の2種類でした。

㋑　クサウラベニタケ　㋺　カキシメジ

この2種類で、中毒を起こしている人たちの約70パーセントを占めているといわれています。

キノコをめぐる迷信にも注意が必要です。ナスには解毒作用があると言う人もいますが。私の親戚でナスと一緒に煮たのですが、中毒になってしまった、ということが実際にありました。ですからナスに解毒作用がある、ということは私には信じられません。これは迷信だと思います。

縦に裂けるキノコは食べられる、という方もいますが、猛毒のカキシメジは縦に裂けます。なのでこれも迷信です。

ツバがあるのは食べられないと言う方もいますが、ナラタケというおいしいキノコは笠の下にツバがあります。ですからこれも迷信です。

虫が喰っているキノコは人間が食べても大丈夫だ、という方もいますが、これは間違いです。

日本はキノコを豊富に産する国であり、日本人はキノコ好きの国民でもあります。しかし、キノコについての研究は海外の国々と比べてみても遅れています。そのため食用キノコと毒キノコの見分け方に関しては、未だにこうした迷信が根強く信じられ、毎年同じキノコによる中毒患者が後を絶たない、というのが現実です。キノコを食べて中毒にならないための第一歩は、こうした迷信に惑わされ

旧牧郷小学校　「となりの先生」
として地区の子供たちとキノコ勉強会

ないということが大前提となってきます。それと地方名もあります、方言の一種と考えてもらっても良いのですが、例えば「いっぽんしめじ」と呼ばれているキノコが、ある地方では毒のある「クサウラベニタケ」のことをいい、別の地方では食用の「ウラベニホテイシメジ」を指す、などと言うことはざらにあります。

ですからキノコ狩りに行く際には、カラー写真が載った図鑑などを持参することをお勧めします。持ちやすくてコンパクトな本も出回っていますので、一種の保険と考えれば安いものですよ。

キノコは標高、日照時間と天候、その年の雨量によって形状や色などが変わってくるようです。地方によっても、大きさ、色、形が図鑑とは少し違って、見分ける際などに迷いが生じてしまうキノコもあるようです。

近年は松枯れ、ナラ枯れなどによる森林環境の変化や、温暖化などが影響しているのかも知れません。キノコの分布にも変化が現れて、今まで発生していたキノコとは異なる新種のキノコが発生することもあるようです。

似ているようで異なる「キノコ」

また食用の「クリタケ」と毒の「ニガクリタケ」とでは外見ではほとんど見分けがつきません。けれどもカケラを一口かじれば、その違いなどがすぐに分かります。「ニガクリタケ」はその名の通り苦味がありますが、「クリタケ」には苦味がありません。一口かじって苦味などの違和感を覚えたなら、すぐ吐き出せば中毒になる心配はないと思いますが、個人差もあり、その時の体調、その人の体質なども関係してくるのかも知れません。一概にこうだからこうだ、とは言い切れないようにも思えます。

私が良く食べているキノコも、書物によっては『毒』と記してあるものもありますが、私はそのキノコを毎年美味しく頂いています。

それと始末が悪いのは、「ドクツルタケ」と「シロタマゴテングタケ」です。様々な樹種の林に自生し、森林内で見かける色や形が野生のマッシュルームに似ていて、ヨーロッパでは毎年同じ中毒患者が後を絶たないようです。日本でも数年前に中毒死の報道がありました。毒キノコは笠の色が派手で、毒々しい色をしているものが多いようです。ですから地味なキノコなら食べても大丈夫だ、という迷信も生まれたのでしょう。

以前はホウキタケの仲間には毒キノコはない、と考えられていたのですが毒を持つものがあることが分かってきました。それは「ハナホウキタケ」です。食用のホウキタケが白っぽいのに対して、かなり鮮やかなオレンジ色をしていますので、間違える可能性は低いと言えます。

シイタケ原木の表と裏を5回ずつたたいて刺激を与えることで、シイタケの発生（収穫）量が2倍以上となることが実験段階でわかってきました。

体に良いキノコ

一方で、身体に良いと認められたキノコもあります。それは「カワラタケ」です。ガンの進行を遅らせるとして漢方で採用されました。

煎じて飲むのですが、苦味が強すぎてなかなか飲めないようです。「サルノコシカケ」も「ガン」に効果があるという人もいますが、医学的に実証されるまでには至ってはいません。

食べて美味しいキノコの代表格は、なんと言っても「マイタケ」と「マツタケ」です。これらは野生のものにはなかなか出会えません。

これはだいぶ以前の話となります。そこは100~150年生のナラ林で、それらの樹を伐採搬出し、その後、事業を予定通り実行するか否かを、現地確認に行った際のことです。大きなナラの切り株から抱きかかえるような、大きなマイタケが発生しているのを見つけ、「舞い上がって喜んだ」ことなどが想い出されます。天然の舞茸は味が濃厚で大変美味です。

私たちが、舞茸の原木栽培は必ず成功する、と自信を持って取り組み始めたのは、今から40年近く前のことです。失敗続きでしたが近年成功したという連絡が入り、喜びもひとしおとなっています。皆が舞茸の原木栽培を楽しめる日も近いのかも知れません。

秋の味覚と言えばやはりマツタケです。高級食材としてのイメージも高いのですが。マツタケは主にアカマツの根元に発生します。その国内生産量といえば、1位が長野県、2位が岩手県（2020年）です。ただ、森林の手入れ不足などにより、山林が荒れ放題となっているため、取れ高も減少傾向のようです。八百屋やスーパーでは中国産や韓国産、そしてごく最近ではカナダ産やブータン産が幅をきかせるというご時世になってきました。

キノコはカビの一種で胞子によって増えます。その胞子は植物の種子に近いもので、胞子が発芽したものが菌糸です。実はこれがキノコの本体です。

マツタケは、アカマツの根から養分をもらう代わりに、菌糸を通じて集めた養分をアカマツに供給しています。そうです、見事な共生の関係が成立しているのです。こうしたキノコと樹木との共生（キノコと樹木とが共に助け合い生活を営むこと）は、山林内では一般的に見られます。

一方でキノコは環境の変化にきわめて敏感です。キノコがたくさん自生する森林は、生態系の面から見ても健全な森林といえるのです。

日本の森林が秘めている可能性

さらに言わせて頂きますと、立木や樹木は、材木や木炭として利用するだけではありません。

最近ではヒノキの葉からシャンプーが作られ、ヒノキ、ヒバの成分から殺虫（害虫忌避）剤などが作られています。

スギの木からは、シミやソバカスの原因となるメラニン生成を抑制する機能を活用した美容用品もつくられて、数年前からはリグニンと呼ばれる高分子を抽出し、電子部品の基板に使用されています。

そのリグニンを紙の廃棄物の溶かしたものに混ぜると、木のプラスチックと呼ばれる新素材が出来て。今後は、石油に代わって利用される可能性もあって、木材の新しい活路も開け、林業の未来も大きく変わってくるかも知れないと、講師・先生が話されていました。

そのリグニンの値段（価格）も「ピンからキリ」まであるようです。最近ではセルロースなども利用しようとする研究も進められています。

ちなみに「スギは日本固有の木です」。また２０２３年の打ち上げを目指して、世界初となる木造の人工衛星の研究が、京都大学と住友林業によって進められています。硬さの異なる、ヤマザクラ、ホウノキ、ダケカンバの３種の木材が使用されるそうです。

森林浴についてはすでに述べましたが、キノコ狩りもよし、森林内の歩道をのんびり散策するのもよし、そして山菜採りも忘れてはいけません。山菜料理の代表的なものは天ぷらですが、こういったメインの料理だけでなく酢味噌や三杯酢で和えたり、ごま和えにしたりと、それだけで食卓を豊かにする一品もできます。

春は、山桜やタンポポなどの花を目で見て楽しむことができ、同時にタラの芽やコゴミ、ウド、フキ、ワラビなどの山菜があちらこちらで芽吹きます。この季節を過ぎると、今度はミズナやキイチゴの季節がやってきます。家族で出かけ、自分たちで採った山菜が食卓に並んだ、という光景をチョット想像してみてください。スーパーやコンビニエンスストアで買った、おかずだけでも良いかも知れませんが、そこには全く違った食の世界が広がってきますよ。

山は目で見て歩いて、そして舌で味わって楽しむこともできる。自然が生み出した保健・レクリエーション機能を備えた、最高級のエンターテインメントの施設なのです。

丸太積工　施工後

相模原市緑区青山　地内

山林測量の一コマ　ポケットコンパス測量

沢(林道・作業路)から測量を始めて頂上まで登り、起点に戻るという1日がかりの測量も多くなっています。

第五章

樹木の有効活用（特用樹・薬用樹）

問題の多い「林業」

以前に自由民主党の地方議員の先生が、次のように話されていました。

「２００９年、民主党政権が誕生して『コンクリートから人へ』というスローガンを掲げ、公共事業費を大幅にカットした。その結果、地盤などが脆弱になってしまい、２０１８年の西日本各地を襲った記録的な集中豪雨では、甚大な被害が出てしまった」と。

私は、それは民主党だけの問題ではないと前置きして、林務行政は昔から問題が多いという、私なりの持論を展開させて頂きました。

改めて考えると林業だけの問題でもないようです。公共事業が本当に国民のためなのか、公共の福祉と合致しているのか、という点について私たちはもっともっと関心を持つべきだろうと思っていま

山腹基礎工　かご枠工
相模原市緑区三井　地内

す。

民主党政権が取り組んだ事業仕分は、たしかに乱暴だったと思いますが、税金の無駄遣いをなんとかしようという発想は、理解できる部分もありますよ。私も地方公務員として30年間勤めてみて、予算や補助金等のあり方等について、いろいろと考えさせられることも多かったものですから。

特用樹と薬用樹

次に特用樹と薬用樹の利用方法について考えてみましょう。

特用樹は木の実を食することができたり、工芸品の原材料に利用したりと、それ自体が価値を持っているものです。薬用樹は、読んで字の如く、薬効がある樹木です。

生け花に使うナナカマドは特用樹に分類されています。また油脂を利用するものは漆が有名です。

基本的に紙は、和紙でも西洋紙で木の繊維（コウゾ・ミツマタ）などから作られています。

蜜源植物と言って、良質な蜂蜜の供給源となる樹木も多いようですが、蜜源というだけでは、特用樹には定義されていないようです。栗の木などもその1つですが、もっぱら私たちが実を食用に利用していますので、蜜源植物には分類されていないようです。やはり人間中心の分類のようにも思えます（113ページ特用樹参照）。

薬用樹は、用途に応じて樹皮や根、枝や葉なども使用します（114ページ薬用樹参照）。

かつては民間療法として定着していましたが、西洋医学が取り入れられてからは、迷信扱いされることが多くなり、次第に使用量も減少してしまったようです。

近年は、自然食品や薬膳が見直され、需要拡大の兆しが見えてきました。この流れを逆行させてはならないと思いますよ。

今後は特用樹林・薬用樹林などの展示園を造成したり、それらの栽培技術を確立したりすることも望まれます。日本の林業の先行きを思うと、これらも大事のような気がしています。

森林浴はもっぱらリラクゼーション効果を求めるものですが、この山林内には他で見られないような草木がある、といったように植生の違いなどにも関心を寄せて散策すると、森林との一体感なども生まれてくるようです。山歩きを楽しむには、なによりも山を大切に想う気持ち（心）がなくてはなりません。

キノコが健康に直結する実際的なものであれば、樹木の知識は精神衛生に効能があると言えばよいのでしょうか。

私としては、樹木の標準和名と方言名も知って欲しいのです。自分なりに神奈川県、山梨県内を中心として樹木の方言名を調査してみました（112ページ参照）。

出来れば皆さんも樹木図鑑なども手に入れて頂けると最高ですね。楽しみという言葉に囲碁・将棋やスマホのゲームは、コツを覚えて勝率が上がると一段と楽しくなってきます。樹木も同じではないでしょうか。

昔から知識と、お金は邪魔にならないと言われていますし、私としても、大勢の皆さまに山や林業の知識を身に着けて頂き、森林・林業に寄り添っていただければ大変うれしく思います。

熊より恐ろしい野犬、そして凶暴なスズメバチ

ここまでは、森林の恵みについて述べてきました。目で見て舌で味わえるものは植物が多いようですが、山にはたくさんの動物もい

ます。これらにはチョット気をつけた方が良い。熊が出たらニュースにもなりますが、私の半世紀以上に及ぶ、山での体験からいえばむしろ野犬の方が怖い。

熊にも野犬にも一度ずつ、出くわしたことがあります。それはだいぶ以前の話ですが、抱きかかえるような大きな樹が、沢に向って倒れていました。それを越えて頂上（目的地）に向かおうとして、倒木のすぐ近くまで行った時のことです。

倒木と地面との隙間のある窪みのところに、熊が丸くなって寝ていました。私の姿に気づくと頭を持ち上げて睨んできました。熊との距離は3メートルなかったと思います。私は突然の出来事で驚きと恐怖で腰の力も抜けてしまい……。私も驚いたのですが、熊も私以上に驚いたようです。熊としっかりと目を合わせたまま、刺激しないようにしてゆっくりと、30メートル以上後ずさりしてから、夢中で逃げました。

私は、熊は臆病だ、と感じ取れたのです。それと熊と目線を逸らせても駄目、怖いからといって大声を出したり、石や物を投げても駄目、背中を見せることも駄目だとも感じて、熊を刺激しないようにして距離を取ることが、とても大事だと痛感しました。

その点、野犬は人間を恐れないですし、見境なく襲いかかってくることもあるようですから、むしろ熊より恐ろしいと言えます。

それは、仕事が終わって車に戻ろうと、山道を歩いていた時のことです。もう少しで車に着くと思ったその時、1匹の野犬が近づいてきたのです。まわりを見るとやせ細った野犬が3匹、4匹と増えていました。口を開け舌を長く出してよだれを垂らし、目をギラギラさせ腰を低くして、私にすぐにでも飛び掛かれる体勢を取って「ウグォ〜」、「ウグゥー」、と低いうめき声をあげながら、抜き足差し足で近づいてきたのです。

とっさに腰に差していた鉈を振り上げて威嚇したのですが、私が一歩後退りすれば、4匹の野犬が揃って一歩前に出てくる。これには、さすがの私も血の気が引いたのを思い出します。眼力を強くして睨みつけ、「くるならこい」と鉈を振りかざして構え、私も必死でした。気持ちを強く持って野犬としっかりと目を合わせたまま、背中とスキを絶対に見せないようにしながら少しずつ後退りしました。細心の注意を払って車に乗り込み、その場から急いで逃げ去りました。

本当にあの時は、危機一髪というか生きた心地はしませんでした。一瞬、野犬に食べられてしまうのかと思い。いま思い返してみると10分程のできごとだったと思いますが、その時は2時間も3時間もかかったように思えました。

地域によってはマムシも出ますが、総じて蛇は臆病ですから、奄美大島のハブなどとは違い、実は自分のほうから人を襲うような例は稀少なのです。もちろん万が一咬まれたら、ただちに医師の診察を受ける必要があります。

クワガタを捕ったりする楽しみ方もあるようですが、ごく最近、体の一部が赤いクワガタに似た虫は毒があって危険だ、という報道がありましたので、注意が必要となってきます。

蜂も、山林に多いのは凶暴なスズメバチです。一度刺された人はもう一度刺されると、アナフィラキシーショックを起こし、命を落とす危険もあるようです。我が社では安全に配慮し抗体検査を受けたり、またハチに刺された時はすぐに対応できるように、注射薬なども備えています。

私が中学生の頃だったと思います。父親、弟2人と4人で下刈作業中に左肩をスズメバチに刺され、赤く腫れあがり、吐き気やめまいなどもあって、病院に連れて行かれたことなども想い出します。

それと蜂の子は食用としても利用されています。私も食べたことがあります。芳ばしくて濃厚でうまいと、思ったことなどが記憶に残っています。蜂の料理は長野県・岐阜県の郷土料理としても有名です。

蜂（スズメバチ）だけではありません、カラスも人を襲うことがあるのです。それは私が小学校5、6年生の頃だったと思います。その日はいつもと違って、反対側の大きな赤松の木がある山に行き、友だちと木登り競争などをして遊んでいた時のことです。

突然一羽のカラスが急降下して威嚇してきたのです。私は咄嗟に長い棒を持って振り回して追い払いました。普段は「カアーカアー」と鳴くカラスが、その時は「ギャ〜ギャ〜」と鳴いていました。カラスには30の言葉があるという話を聞いたこともあります。いつもと違った声を発したかと思ったら、アァーという間に数十羽集まり私をめがけ次々と急降下して威嚇してきたのです。恐ろしくなって慌てて家に帰った記憶があります。なぜ私をいきなり襲ってきたのか、後日その場所をそっと確認に行ったところ、赤松の分かりづらい位置にカラスの巣があり、そのヒナ（子供）たちもいたことなども想いだします。子育ての時期はカラスも凶暴となるようです。

それとカラスは小さいうちに手懐けると、人の言葉の真似する、と近所のおじさんが話していたこともありました。

そして山ザルにも遭遇したことがあります。それは山仕事で山道を歩いていた時のことです。尾根のほうで物音がしたので見上げると、尾根の少し下のところに、山ザル（ニホンザル）が7匹ほどいました。

私たちは石を投げて追い払ってから、山道を登りました。と、その時、突然石が落ちてきたので驚いて見上げると、さっきの山ザルが私たちをめがけて、次々に石を落として仕返しをしてきたのです。これには本当にたまげてしまいました。

「触らぬ神に祟りなし」。総じて山の生き物には、こちらから近づかない方がよいのかも知れません。

鋼製土留柵工
相模原市緑区小原　地内

市内の小学生が森林学習にきました。
相模原市緑区津久井　地内

人間に牙を剥く「山」

山は私たちに多くの恵みを与えてくれますが、時として人間に牙を剥くということもあります。

春から初夏にかけては山菜採りの楽しい季節ですが、山の天気も一際変わりやすい時期でもあるようです。気軽なハイキングと思って出かけるのも、決して悪いことではないと思いますが、公園を散歩するのとは少し違いますからね。急激な気温の変化にも対応できるように、レインウェアなども準備した方が良いと思います。スキー場で着るような物ではなくて、薄くて軽い物もたくさん出回っていますので、防寒用のウェアとレインウェアとは、別々に揃えた方がよいでしょう。

最近のレインウェアは素材なども進歩しています。外からの雨水は通さなくても、内側からの湿気や汗などは逃がしてくれます。これだと低体温症の危険があるような、天候下でもしっかりと活躍してくれます。もちろん天気予報をこまめにチェックして、危ないなと思ったら、素早く下山することが大前提となってきます。

雨が降り始めれば、落雷の危険も発生します。立木・樹木などの一際高い木には、狙いすましたように落雷する傾向もあるようです。雷が落ちると、幹や地面を伝って電流が流れてきますので、数十メートル離れていないと、感電死する可能性も高まってしまうのです。私が雨宿りしていた際に、近くの木にカミナリが落ちて地面から落雷（電流）がビリッビリッと伝わってきて、あわやと思った体験もありました。本当に怖かったですよ。

私はこのように「自然の山と川、そして鳥や動物」などから様々なことや、いろいろな事象を通じて、現代社会を生き抜く『知恵と心と技』そして優しさ、逞しさなど『全て、山が教えてくれた』と思っています。ですから「山との共存、共生、共栄」は、とても大切だと私には思えるのです。

山歩きには、お弁当やお菓子を持って行く方も多いと思いますが、予備の飲料水やチョコレート、キャンディなどもお忘れなく。道に迷うリスクだってあり得ますから。私の経験からしても、ないとは言い切れません。ビスケットなどはいかにも非常食にふさわしいイメージもありますが、あの粉っぽさが意外と曲者でしてね。チョコレートやキャンディは、食べやすく喉も渇きません。お腹にたまる感じはさほどしませんが、カロリーは高いです。

もし余ったら、帰りの車や電車の中で食べると疲れも取れます。予備の飲料水の話もしましたが、スポーツドリンクなども1本あると良いですね。しっかりとした安全対策を立てることが必要です。そのようにして、初めて山の魅力を十分に味わえるというものです。

径路新設工
相模原市緑区小原　地内

径路の完成状況

森林の管理やパトロール、災害調査や森林整備にも使用しています。

防鹿柵を設置

清川村宮ヶ瀬　地内

鹿が雑草のほとんどを食べてしまい、表土がむき出しとなり、土砂の流出が続いていました。植生保護柵を設けて雑草木の生育や成長も助け、土砂の流出も防いでいます。

特用樹

用　途	樹種	
木の実	西洋はしばみ（へーぜるなっつ）	
	ぶるーべりー（12品種）	
	いちょう（4種類）	
	やまぼうし	すもも
	あーもんど	くるみ
	とちのき	ざくろ
	まるめろ	ぼ　け
	はしばみ	く　り
	あんず	び　わ
	かりん	か　や
山の幸	くろみのうぐいすかぐら	
	うぐいすかぐら	くさぼけの（実）
	みやまきいちご	きいちご
	あけび	
香　り	あさくらさんしょう	
	さんしょう	くろもじ
	らべんだー	
工　芸	いぬえんじゅ	みずき
	こりやなぎ	き　り
	えんじゅ	
繊維	みつまた	しなのき（蜜源）
	こうぞ	
タンニン	ぬるで	かしわ（餅包材）
生花	ななかまど	ほおのき
油脂	うるし	

薬用樹

用　途	樹	種
滋養強壮	ちょうせんごみし	さんちゅう
	みやままたたび	やまぐわ
	えぞうこぎ	がまずみ
	さるなし	とちゅう
	またたび	うこぎ
利尿	いぼたのき	いぬつげ
	きささげ	にわとこ
	ほおのき	うつぎ
	いちい	く　こ
整腸・健胃	くまやなぎ	にがき
	さんざし	りんご
	すぐり	め　ぎ
	きはだ	
解熱	すいかずら	むくげ
	あおだも	う　め
	あまちゃ	
咳どめ	なんてん	なつめ
	ぎんなん（実）	
ただれめ	めぐすりのき	
とげ抜き	いぼたのき	
洗髪料	のりうつぎ	
回虫駆除	せんだん	
糖尿病	たらのき	かきのきの新芽
皮膚病	あきぐみ	
鎮痛	まつぶさ	
捻挫・打撲	くちなし	
頭痛・鼻づまり	こぶし	
高血圧	かきのきの新芽	
尿漏れ	ぎんなん（実）	

樹木の標準和名と方言名

標準和名	通称名及び方言名	
ぬるで	かつんぼう	おっかど
	かつんぼお	か　つ
	かつのき	ふ　し
あおはだ	あおき	う　り
	うりんぼう	うりはだ
みねばり	ほんみね	よぎそみねばり
	よぐそみねばり	よごそみねばり
いたやかえで	はいた	へーた
	やはた	へいた
さわぐるみ	かわぐるみ	かるめ
	かぁぼ	くるみ
ふさざくら	ちゃぼうず	めめず
	めめずき	めめずぎ
はりぎり（せん）	おおばら	ば　ら
	あくだら	
あわぶき	あわったらし	あわふき
	あわぶく	
みずめ	よぎそ	よぐそ
	よごそ	
やまぼうし	やまっかぁ	やまっくわ
やまなし	だんごばら	ば　ら
いぬぶな	くろぶな	や　ぎ
やしゃぶし	あずま	あらご
あさだ	あかだ	あかざ
おおばやなぎ	えんまる	
ちどりのき	やましば	
みずき	みずくさ	
さわしば	めぐろ	
し　で	そ　ろ	
おおうらじろのき	ず　み	

※方言名調査：神奈川県及び山梨県での調査が対象になります

丸太柵工
相模原市緑区津久井　地内

1月17日は「山の神」
山仕事の安全を祈願しています。

第六章

山の年中行事

山（山村）の年中行事

春夏秋冬、それぞれの季節に応じた、山の楽しみ方があるという話をさせて頂きました。もちろん登山者や山歩きを楽しむ方々と、我々のように生活そのものが、山（森林）と共にあるような場合とでは、かなりの相違があるように思います。

この際ですから、山村での年中行事について、少しお話をさせてください。そのいわれなどについて知識を深めてもらうと、山村生活にもっと親しみを持って、頂けるかも知れませんので……。

◎1月17日は「山の神」

年始めに「山の神」を祭って、山仕事の安全を祈願する行事があります。私たちの地域では、この日は「刃物はもたない。そして一切使用しないように」と言い伝えられています。

またこの日は「山の神が子どもを生む日」だとも言われていて、山を敬う心がここに表されているように私には思えます。

ちなみに山の神の象徴は「しゃもじ」ですし、奥方のことを「山の神」あるいは「かみさん」と呼ぶのも、こうした民間信仰に起源があるようです。

◎4月29日から5月4日になった『みどりの日』

昭和25年に、山梨県甲府市内の片山恩賜林で天皇・皇后様をお迎えして、『第1回全国植樹祭』が行われました。

昭和天皇様は海洋生物学の研究者であられたと同時に、草木をこよなく愛され、第1回以降も、全国各地の植樹祭に足を運ばれました。平成の世になった時、ちょうどゴールデンウィークの始まりとも重って、なんとか祝日を残せないか、という話になったそうです。

昭和の時代は4月29日が天皇誕生日でした。そこで『昭和記念日』、などという案なども検討されたそうですが、結局『みどりの日』に落ち着きました。

平成17年の祝日法改正によって、現在の『みどりの日』は5月4日となりました。

◎『全国植樹祭』

『みどりの日』をはさんで、4月から6月にかけて『全国植樹祭』が開催されています。

もともとは『愛林日植樹行事』として、60年以上続いてきた行事ですが、昭和45年、福島県で開催された時、現在の名称『全国植樹祭』となり『国民体育大会』、『全国豊かな海づくり大会』と並んで『三大行幸啓』、と称されるようになりました。

皇族方はこうした行事に深く関わっておられるのですね。

私たちにとっても、大変ありがたいことだと思っております。

◎8月11日は『山の日』

2016年に制定された、比較的新しい祝日ですが、自然に親しみ、山からの様々な恩恵について、感謝しようという趣旨です。

もしかしたら政府の本音は、お盆休みを長くしてレジャーなどにもっとお金を使ってもらいたい、ということかも知れませんが、私たちにとって、こうした祝日が制定されたこと自体、大変意義深いものであると考えています。

◎『全国育樹祭』

9月から11月にかけては『全国育樹祭』が開催されています。植樹祭で天皇・皇后様がお手植えされたヒノキに、皇族方がお手入れ「枝払い」をなされます。これらも非常に意義深いことでしてね。継続的に森林を守り育てていこう、という運動に皇族方が率先して取り組んでおられる訳ですから、本当にありがたいことだと思っております。

◎十と八で『木の日』

10月8日は『木の日』です。木という漢字が十と八を組み合わせて出来ることから、この日に定められたそうです。国民皆が、木の良さを改めて見直そうという日です。

◎『間伐推進強化月間』

10月から11月にかけては、『間伐推進強化期間』です。

盆栽は枝を切って形を整えたりしますね。また農作物は間引き、果実（果物）は摘果を行います。人間もあまり過密な状態ではストレスが溜まってしまいます。まぁ好みはあるにせよ、長くのびた髪や爪はきちんと切って、清潔に保った方が気持ちも良いですね。立木も同様なのです。役目を終えたものは早めに除去してあげたほうが、山や樹のためにも良いのです。そうすることで山火事、病、害虫からも守ることができます。

相模原市緑区津久井　現場より城山湖を望む

相模原市緑区には①道志ダム（奥相模湖）②相模ダム（相模湖）③城山ダム（津久井湖）④本沢ダム（城山湖）⑤宮ケ瀬ダム（宮ケ瀬湖）があります。

昭和22年に戦後初となる人造湖として相模ダム（相模湖）が建設されました。東京都や神奈川県の都市部の住民の飲料水に使用され、下流都市の繁栄と商工業の発展に大きく貢献しています。

木々の叫び

遠くの山並みを眺めていると、立木や樹木の叫び声、ときには悲鳴とも思える声が私には聞こえてくることが度々あるのです。「枝が重いよ、早く切ってくれ～」、「苦しいよ～、早く間引いてくれ～」、「苦しいよ、早く切ってくれ～」、「早くおろ抜いてくれ～」と。「おぉ～い、おぉ～い」「こっち、こっち」と呼ばれるまま、導かれるまま小沢の奥に向かって進んでいくと、荒れ果てた林が必ずあります。それらの木々が手入れ（整備）をしてもらいたくて、私を呼ぶのだと勝手に思ってしまいます。そのように様々な木々の声が、奥山から私には聞こえてくるのです。いや、これ真面目な話ですよ。

これが長年（半世紀以上）森林整備（山の仕事）に携わってきた、経験値というものですか……ね。

こうした面からも林業に対する理解が、少しでも広まったり高まったりしてくれたらいいな、と思いここに書かせて頂きました。

植栽木（森林）の手入れ

私たちが学生の頃は、1・0ヘクタール当たり10，000本前後を植栽して、間伐材を足場丸太として販売していた地方もありましたが、そうした足場丸太の需要もなくなりました。

国では植栽本数を1・0ヘクタール当たり「3，000本」と定めたのですが、近年は低密度植栽などとも言われ、植栽本数を2，000~2，500本と少なめにする傾向もでてきました。そうすると、苗木代や植付の、手間やお金も少なく（安く）なるようですが、逆に下刈や除刈の回数が増えて、手間やお金が嵩んでしまうと言う人もいます。また植栽する樹種を決める際は、近隣の立木の成育状態も勘案し、現地に合った樹種を植樹すること（適地適木）が美しい森を造るための必須事項となります。

それと植栽木を育てるには、各種の保育（撫育）作業を順次実施していきます。

「下刈」は、草木の繁茂している夏の間に、7～10年実施します。市内の森林は雑木草の繁茂や成長が著しく早く、場所によっては2回刈や、10年以上の下刈が必要となる現場も多いようです。地球の温暖化が影響していると言う人もいます。

「下刈」は、「つぼ刈」（植栽木の周囲を円形に刈る方法）と、「すじ刈」（植栽した列に沿って刈る方法。縦刈や横刈）などがあります。また、「全刈」（全部刈る一般的な方法）もあります。

金額的に一番安くできるのが「つぼ刈」です。

「すじ刈」は「全刈」より3～4割ほど安く実施できます。下刈を行わないと雑草木によって、植栽木が阻害されてしまい、私の地区

選木を指導する著者
相模原市緑区牧野　地内

の言葉で言うと「コゼ」いてしまい、生育や成長に影響が出て、最悪の場合には枯れてしまいます。

「除伐」は、2～4回、下刈完了後、植栽木と雑木草との生存競争が激しくなる直前に実施します。

「枝打」は、樹齢10～40年生までの間で3～5回、地上から枝下までの長さ6メートル、または8メートルの長さを実施するのが一般的です。

また、「幹の太さがビール瓶の太さ（大きさ）になる時点で、枝打が終わっていることが理想的だ。力枝（一番長く伸びている力のかかっている枝）も残さないで切ることだ」と、教わったことなども想い出します。枝打は1～2メートルくらいずつ、段階的に実施すると、歳月の経過とともに、幹の曲がりなどが少しずつとれて、素直に通直に伸長してくれる木々も多いようです。また枝打することで、無節の角材、柱材なども採れるようになります。

「保育間伐」は、20~80年生までの間で実施するのが一般的です。1回の間伐率は、35パーセント以下で実施するようにと定められています。不要木、不用木それと、劣勢木といえども、1度にそれらを越えて間伐（伐採）することはできないのです。間伐率を高め（多め）に実施して、急激に環境を変えてしまうと、間伐終了後の台風や強風、竜巻や突風、積雪などにより、倒木や欠頂木になる危険性が高まってしまうのです。そうした森林も数多く見てきました。突風や強風の多い山には特に注意が必要です。また強度の間伐をすることで下層植生に変化が現れてしまうことも多いようです。

80年生頃までに10年前後の間隔で、捨伐間伐を繰り返して実施することで、大地にしっかりと根を張ることができて、逞しく成長することもできるのです。

一般的には1・0ヘクタール当たり3，000本植栽しますが、捨伐間伐を施工（実施）して、優良木を均等に残すようにします。

その成立本数は森林の状況を鑑みて、未来に向かい、どのような森林に仕立てたいのかによっても変わってきます。

スギやヒノキの針葉樹は、150年を越えて200年を迎える頃になると、「銘木」と呼ばれ、極めて高い値段で取引される樹もあるようです。木目や材の色、材質も良好で、かつては江戸城・名古屋城のご用達となっていました。1本で数百万円もするような樹木も出てきますが、こうした大径木は地方によって値段が異なっているのが現状です。

私はこうした次世代に引き継ぐ、長伐期の森林づくりが、人類が理想として必要とする森林像なのかも知れないと近頃は思ってもいます。

また間伐は森づくりの楽しさや夢などが、無限に広がってくる仕事だと思っています。

その間伐を段階的に実施して、500本～1，000本の間に調

土場に集積した丸太　小田原市久野　地内

我が社では「安全に考慮」して、はい積み高さを2.0m以下にしています。以前に丸太を高く積み上げてその上に登り、整えていた際に、バランスが崩れ丸太が転がり出し、あわや大惨事になりそうだった、ということが実際にありました。私はその経験から、はい積みの高さを2m以上とする場合は、足場を組む必要があると考えています。

整するのが一般的ですが、森林整備作業員の減少に歯止めがきかず、その捨伐間伐が一向に進まないのが現実です。その結果、土砂の流出が続き、土砂災害を誘発している、一因ともなっているのです。

森林の持つ多様な機能を高めようと、行政府の方たちも必死になっているようですが、森林整備作業員の減少なども重なって、現実はかなり厳しいように思えます。

未来は「サガンスギ」か

数十年ほど前に、九州方面の大学の先生方と林業試験場の先生方が、林業の現状を視察にこられた際に、次のような話をされていたことを想い出します。

「日本の林業と海外の林業とを比べた場合、日本の林業はお金や労力をかけ過ぎだと思えるので、どうしたら省力化が図れるのか、そのためにはどのような方法があるのか、現在、試験（検証）中です」と。

歳月も経過したある日「その後どうですか？」、と電話で伺ったところ「なかなか思い通りにはいかない。近年は様々な獣害なども増えてきて、そちらの対応もあり……。日本には日本流（特異）の森づくりがあるのかも知れない」、と話されていたことなども思い出します。

そしてごく最近、従来よりも成長が20年以上も早く、材の強度も1・5倍以上と強く（高く）、花粉の生産量も現状（現在）の半分以下となる、佐賀県の新品種『サガンスギ』、が開発されたそうです。重労働といわれている真夏の炎天下の下刈も3回ほどで、間伐は現在のところでは1回ほどだともいわれていて、省力化が図れて期待が持てそうです。

私は新種の「サガンスギ」が開発されたことで、林業の未来も大きく変わってくる可能性もあり、林業再生の、〝光〟というか〝夜明け〟が見えてきたような気もしています。

朝のミーティング

モノレール格納庫
清川村煤ヶ谷　地内

高い山にはヘリコプターで資材を運んでいます。
足柄上郡山北町中川 地内

第七章

林業の未来と森林環境税

森林を次世代へ引き継ぐ使命

終わりに近づいてきましたので、林業が目指すものについて少しおさらいをしたいと思います。

私は、山（森林）は人類共有の財産だと考えます。森林（山）は木材などの林産物を供給するだけでなく、水資源のかん養、山地災害の防止、地球温暖化の防止、あるいは自然とのふれあいの場となるなど、公益性が非常に高く社会に大きく貢献しています。

現在、私たちがこのように森林から多くの恩恵を享受できているのも、長いあいだ歳月をかけて、森林づくりに取り組んできた先人たちのおかげです。森林の管理や整備を通して、森林の機能を高めつつ、健全な状態で次世代へ引き継ぐ。それが国民、それと我々に与えられた〝使命だ〟とも思っています。

昭和30年頃、林業従事者は50万人を越えていましたが、その後は減少の一途を辿って、近頃は全国で約4万5千人まで減少してしまったようです。私は現状のシステムでは、減少しても仕方がないようにさえ、思えてしまいます。時代とともに林業に対する考え方、そのありかた等を広く、改めたほうが良いのかも知れないと近頃は思っています。

また一方では、戦後の大規模な拡大造林の大半が伐期を迎えつつあります。前に述べたように、高いスキルを持った、若い森林整備作業員を育成しないで、この難局をどう乗り切れというのでしょうか。

お金の流れ

より具体的に説明させて頂きます。

森林整備事業は契約をすませ、選木確認検査を受けるまでに要する日数は概ね25日前後です。

選木とは上長成長・肥大成長、それと素性なども良く、寿命も長いと予測され、未来に向かい通直完満（まっすぐで、元も末もない太さ）の材の収穫が見込めるか、否かを選別する作業で、1本1本の木々の寿命や、遥か未来の成長（伸長）した姿などを見通す力も必要となります。熟練した技術者でないと、かなり難解で特殊な作業だとも言われています。

選木検査までにかかる員数を設計金額から算出すると、一般的には設計出来高進捗率は10パーセント以下ですが、我が社で計算すると15パーセント以上になることも多く、請負う会社によって、作業の進捗（工程）なども異なるようです。

山の作業は人の手間仕事ですから、仕事が早い遅いとか、器用不器用とか、ベテラン新人などによって、作業量は1日当たりでも2

倍、人によっては3倍以上の違いが出てしまいます。設計書の人工数で仕上がる現場もありますが、思うように進まない現場も、それ以上に多いように思えます。ですので、現場の工程管理や進捗管理もできなければダメだ、と私は思っています。現場代理人は自社の従業員の技量を的確に把握した上で、現場の工程管理や進捗管理もできなければダメだ、と私は思っています。

我が社では個々の能力をきちんと分析、把握した上で、独自に構築した進捗管理を行っています。

単に設計人工数だけを根拠に管理を行うと、思わぬ落とし穴が潜んでいる場合も多いようです。

だいぶ以前の話ですが、設計人工数（設計金額）で、85パーセント以上が完成しているはずの現場が、いつまでたっても終わらずに工期に間にあわなかった、という話を聞いたことがあります。単に設計人工数だけで管理を行えば、当然起こりうる話だと私は思っています。

それに、林業は屋外の仕事ですし、他の仕事と比べることができない位に作業面積も広く、急竣で歩いて移動する、そのロスも多く、また大きいのです。そうした「特殊な仕事」が林業です。

工期に遅れ顧客に迷惑をかけることがあってはならない、というのが私のモットーですが「言うは易く、行うは難し」、もまた現実でして、日々精進しています。いずれにしても早め早めの対応と対策が必要です。

例えば、2，000万円の工事を請負ったとします。工事を完成させるには、一般的には6ヶ月前後の工事期間が必要です。

当たり前のことですが、工事が完成して検査で「合格」を頂いてから、請求書を届け、受理されて工事代金が入金されます。その間の従業員の給料や必要経費、資材費等の支払いで全額とはいえませんが、最低でも1，500万円以上の現金を準備する必要があります。

もう少し言わせてもらえれば、それらの現金が用意できなければ、工事を進めることもできない、と私は思っています。

そして6～7ヶ月後にお金が入金されても、運転資金の返済、つなぎ資金の返済、手形貸付の返済などと、要するに2，000万円の工事をやり遂げても、現場によってはお金が残るどころか、足りないという事態が発生してしまうことも多いのです。

山行苗木は3年間、手間をかけ続けて1本250円

関連事業についても同じ事が言えます。林業は山行苗木（将来の収穫を目的として植栽する苗木）を育てるところから始まりますが、苗木生産業者の廃業が相次いでいるようです。

『精英樹』『エリート』『より抜き』とも呼ばれる母樹親木から種子を採取して山行苗木を育てますが、3年はかかってしまいます。

無花粉の山行苗木
2回床替え3年生スギのコンテナ苗木です。

その間は元肥や追肥、根切りと床替え、除草と病害虫の消毒を行います。病気の主なものは立ち枯れ病、ベト病です。害虫は主に根切り虫です。苗木を育てる過程においては、我が子を育てると同様に愛情を込め、手塩にかけて育てるのです。

そのように3年間手間を掛け続けてようやく、2回床替え3年生の山行苗木となります。その山行苗木を出荷（送り出す）際の心境は、娘を嫁がせる心境と全く同じです。

その値段が1本250～300円くらいですからねぇ～。

3年後に250円で売れるかも知れない、という商品や品物そして苗物が他にありますか？

季節は様々ですが、例えば、花などの苗物は秋に種子をまいて、翌年の春には1本200円くらいで売れたりしますね。草花は数ヶ月で200円となり、またカキ・クリ・リンゴなどの苗木は3年前後で1本1，000円以上となっています。それらと比べても年間所得の違いが大きく出てしまうのです。

その辺りがなんとかなれば、と思っていたのですが。

２０２４年から世界を一歩リードして、森林環境税の導入が決まりました。そうしたことからも、日本は林業先進国なのかも知れないと私は思っています。

また一方では、林業の後継者不足も深刻な問題となっているようです。近年は不在地主なども増加傾向で、境界が未確定の山林が増え続け、また放棄したとも取れるような森林が、増加して荒れ放題となっているのが現状です。本来の森林の働きが十分発揮されているとは、到底言えない状況となっています。

ですから国でもこれ以上無視できないと判断したようです。

私はこれを機に、苗木生産者の廃業がなくなり、林業の後継者不足も解消してほしいと思っています。

地球温暖化を前にして

パリ協定で地球温暖化の防止も義務づけられました。ここ数年の異常気象によって豪雨災害、土砂災害（土砂崩れ）や水害などが、頻発したことへの反省もあったようです。環境省のホームページにはその辺りのことも書かれています（同ホームページの抜粋は、157ページ参照）。遅きに失した気はしますが、なにもしないよりは良いといえます。

本書をここまで読んでくださった方であれば、なぜ1，000円も余分に納めなければならないのか、といった受け止めかたはもはやしないと思います。

森林の整備（手入れ）が、日本人を始め人類にとっていかに大切なのかは、ここまで口を酸っぱくして語り続けてきましたので……。

森林環境税は１割を都道府県が、残りの９割を森林面積別、人口数に応じて都道府県を通して、各市区町村に分配されます（森林環境税の使途については１５８ページ参照）。

私が山梨県に職を得た当時のような活気が、もう一度戻ればと言いたいところですが、現実はかなり厳しいように思えます。なんと言っても山林を長年放置してきたツケ、これが恐ろしく大きいのです。

私の体験から話をすれば、林業は専門職です。市区町村で林業職の職員を採用したとしても、学生の頃勉強した様々なことが理解できて、仕事を円滑に回せるようになるには、意欲や能力の他に現場の知識や体験が必要です。

事務に専従する方々や、森林整備作業員が育つには、それ相応の月日と経験とが必要だと私は思っています。

森林率を「国別」でみると1位がフィンランドで、2位が日本です。現在、市区町村には林業従事者が全くいないところも結構多いようです。役所に担当者がいたとしても1人だったり、2人だったりして市町村内の森林を管理する、その体制が整っていないところも多いようです。「浸透半ば」、かも知れませんが……。大変なことになっているような気がして心配もしています。

それと森林環境税の配分は一見、合理的なシステムのように思えますが、論理の落とし穴と言いますか、数字のトリックと言いますか。

人口数に応じて配分されるとなると、今度は、森林面積が70パーセントを超えるような、山間部の小さい自治体では人口数が少ないために、どうしても配分金額が少なくなります。

最もお金が必要なところに必要なお金が行き渡らない、ということは税金の使い道として、いかがなものでしょうか。さらに言いますと「森林環境税」は、どこに重点を置いて使用するのか、またどのように使用するかは、それぞれの市区町村（森林環境税の使途別紙158ページ参照）に委ねられているようです。山村（川上）から都会（川下）までとなると、思っていた以上にその裾野も広く様々な業種（職種）、がその対象となっているようです。

２０１９年から始まった、森林環境譲与税もフタを開けてみると、19年度では666の市区町村が、20年度は341の市区町村が、全額を基金の積み立てに回していたようです。たとえ使用したとしても、林業とは関係が薄い、職員の研修費やアドバイザーの派遣に使用していたのです。気候変動対策の一環として設けられた制度と、林産業の活性化を図る目的とは、現状では名ばかりのようにさえ思えてしまいます。

私には、現状のままですと、森林環境贈与税は、「森林」という名を使用した、非常に使い勝手のよい制度にも観えます。森林が全く無い市区町村にも配分されていて、都市部が優遇されているかのようにさえ思えます。

また、その利用（使用）できる範囲の広さなどもわかってきます。配分金額の多い順では、1位が横浜市の約3億1千万円余り、浜松市、大阪市と続き、最少は沖縄県の渡名喜村の約3万6千円となっています。村では当分の間は基金に積み立てるそうです。また、とりあえず基金の積み立てに回している、市区町村も結構多いようです。

現在、県の森林整備の予算は、主に水源税約38億円によって賄われていますが、『森林環境税の中の森林整備予算』それは、現在の水源税の予算とは比較することができないくらい、激減するようです。

神奈川県は、全面積のうち約39パーセントが森林で占められています。その森林面積のうちの約40パーセントがスギ・ヒノキです。

花粉シーズンになるとそれらが拡散し、県民がアレルギーを起こす要因ともなって、社会問題にもなっています。

県や市では、従来の花粉を放出（生産）している、スギ、ヒノキを利用伐採して、樹種転換や林種転換なども図りつつ、針広混交林にも誘導しています。

数年前から花粉を生産しない、スギの無花粉（ごくわずかな花粉は生産します）の苗木を植栽しています。つい最近ですが、無花粉のヒノキが発見されて「丹沢森のミライ」と名付けられ「さし木」で増やし、２０２１年春に初出荷を迎えたのです。そうしたことから、飛散する花粉の量は順次減少すると推測されているようです。

日本だけの病気、スギ花粉症から国民を守るため、国（林野庁）でも「花粉発生源対策」を打ち出し多くの予算付けもされました。日本人にとって、も私たちにとっても大変ありがたいことなのです。

物心ついた頃から山が遊び場であり、様々な学びの場でもありました。そのような現実（現状）から、林業の世界に飛び込み半世紀以上、最後まで森林・林業と共に生きられたなら、実に幸せな人生だと想うことができることでしょう。

友だち3人で森林や樹木などの働きを
勉強に来てくれました。

森林環境税について

森林を整備することは、地球温暖化防止のみならず、国土の保全や水源の涵養、地方創生や快適な生活環境など、その効果は国民一人ひとりが恩恵を受けることになります。

しかしながら、森林整備を進めるに当たっては、立木価格や木材価格の下落に高齢化、そして後継者不足などにより森林所有者が森林整備をできない状況にあり、手入れの行き届かない森林が増え、また不在村地主の増加により境界線未確定森林が増加してきています。また、近年は森林整備の担い手が不足していることが大きな問題となってきました。

パリ協定の枠組みの下において、温室効果ガス排出削減目標を早く達成することや、大規模な土砂崩れや洪水・浸水といった都市部の住民にも被害が及ぶ災害から国民を守るには森林の適切な管理及び整備を施工することが必要と判断されました。このため、平成31年度税制改正において、市町村が主体となって実施する森林整備などに必要な財源を目的とした「森林環境税」が創設され市町村が個人住民税と併せて徴収することが決まりました。課税は国民一人当たり年額1,000円です（復興特別枠が令和5年に終わり、令和6年に「森林環境税」に切り替えられて始まります）。

また、市町村から都道府県を通し国に払い込まれた「森林環境税」は、森林整備などの財源に充てられるため国から市町村と都道府県に対し、平成31年から森林の面積割合などにより譲与されます。「森林環境税」の徴収は令和年6年度からとなりますが、森林の状況を出来るだけ早期に改善する必要があるので、平成31年から令和5年までの間は創設時の経過措置をとり借入金をもって対応することが決定されました。

環境省ホームページを参照

市町村で使用する「森林環境税」の使途

- 新たな管理システム
- 林業事業者とのマッチング
- 森林の調査、境界確認
- 契約の締結
- 森林の管理・整備
- 森林設備に係る調査や設計
- 間伐、枝打などの森林整備事業
- 作業道、作業路の開設、改良、維持管理、また修理
- 植生保護工の設置（シカ、イノシシ、クマ、サル、アライグマなど）
- 担い手の育成
- 地域事業体の労働環境の改善や支援
- ボランティアの育成や支援
- 木材利用の促進
- 公共施設の木造化
  また、小中学校の机や椅子の木造化
- 木材物品の調達
- 国産木材の普及（イベント、パンフレットなど）
- 工務店や材木店への支援
- 森林環境学習
- 地域における、植樹祭や育樹祭の支援
- 地域における学習会や講演会

など

林野庁Webページを参考に作成

林業労働災害の発生率

足場の悪い山の中で伐採木等重量物を取り扱う林業の労働災害の発生率は、災害の発生度合を表す「千人率」で他産業と比べると、全産業の中で最も高くなっています。

※年千人率とは、労働者1,000人あたり1年間に発生する死傷者数（休業4日以上）を示すもの。

区分	平成26年	平成27年	平成28年	平成29年	平成30年	令和元年
全産業	2.3	2.2	2.2	2.2	2.3	2.2
林業	26.9	27.0	31.2	32.9	22.4	20.8
鉱業	8.1	7.0	9,2	7.0	10.7	10.2
建設業	5.0	4.6	4.5	4.5	4.5	4.5
製造業	2.9	2.8	2.7	2.7	2.8	2.7
木材・木製品製造業	12.3	11.2	11.0	9.9	10.9	10.6

注：千人率の計算に用いる数値の出所が平成24年より「労働者災害補償保険事業年報」及び「労災保険給付データ」から「労働者死傷病報告書」及び「総務省労働力調査」に変更されている。
資料：業種別死傷年千人率（厚生労働省）

Q&A

Q スギ・ヒノキの若い間伐材と、80年生以上の間伐材とでは、どんな違いがありますか？

A 日本人の平均寿命（日本人は男性82歳・女性87歳）を過ぎた頃の間伐材と、若い間伐材を圧縮、引張り、曲げ、せん断、めり込み、香りなどを比べてみると、その違いも出てくるようです。

教科書通り80年生頃までに、3回～5回の保育間伐を実施していれば、不要木や不良木、不用木やあばれ木、曲がり木、根曲がり木、斜め木、反り木、変形木、ご平木、二又木、欠頂木、風倒木、枝張りの悪い木、それと立木のどこかに欠点（腐れ、空洞、虫害、獣害、病気、キズ）のある木や、被圧木、劣勢木なども淘汰されていますので。日本人の平均寿命を過ぎた間伐材のほとんどが優良木です。材木として使用しても素直でおとなしく、使用した人たちからも喜ばれているようです。

また、年輪を重ねる毎に材の色や香り「ツヤ」なども美しくなり、材質も良くなるという方もいます。我が家に使用した樹齢の若い材は、曲がりやねじれ、反り返しを起こしている部分もあり、80年生以上の素性の良い、おとなしい樹を使用すれば良かった、と少し後悔しています。

また、使用する家の日当りの良いところには、山林内でも日当たりの良いところで育った樹を使用して、日当たりの悪いところには、日当たりが比較的良くないところで育った樹を、使用することが理想だとも言われているのです。

使用する場所によっても、樹種や樹齢によっても、耐久・耐用年数が変わってくると言う方は多いです。

私の地区の言葉で言えば若い木は「そっけ」がない、また樹にねばりや味がないし、身も詰まっていないので強度も低く、建築材には向かないよと言う工務店の社長さんもいます。

立木、樹木も80年以上の年輪を刻むことで重みや深みを増して少しずつ実（身）も入ってくるというものなのでしょうか。

人間	＝	幼児期 →	小学生 →	中学生 →	高校生 →	大学生 →	社会人
立木	＝	苗畑 →	下刈 →	除伐 →	枝打 →	間伐 →	成林

立木や樹木も人間とよく似ているぁ〜、と最近はつくづく思います。スギ、ヒノキの植栽木の成長（生育）状況にもよりますが、植栽して10年を過ぎる頃より、二酸化炭素を吸収する量も少しずつ増えて、スギ・ヒノキ1本当たりで、平均すると年間では約3・8キログラムの、二酸化炭素を吸収している計算になるそうです。寿命

の長い木はそれなりに長く続き、樹勢の衰えと共に少量ずつ減少するようです。

一世帯（4人家族）の1年間の二酸化炭素の排出量は、4，480キログラム（2017年）で、概ね30～100年生のスギの立木、約500本分が吸収する量に相当すると言われています。スギの立木、約15本が蓄えている量とほぼ同じくらいになるそうです。

放出（生成）する酸素の量は樹種、樹齢、生育している木々の環境によっても大きく異なるようです。ブナやナラ、ケヤキなどの広葉樹よりも、スギ・ヒノキの針葉樹の方が、その量が遥かに多いと、講師・先生が話されていました。

日本の二酸化炭素（CO^{2}）の排出量は世界の中で5番目となっています（総務省統計局2022年）。

つい最近ですが、植えてから4～6年間で成木となる桐が開発されました。それは『早成樹（桐）』です（群馬県内で実験もしています）。従来の杉の木の10倍近くの、二酸化炭素（CO_2）を吸収することが、研究段階で実証されています。また温暖化対策としても今、注目されています。二酸化炭素の削減に大きく貢献できそうです。

Ｑ 木材価格が安くなったのはどうしてですか？

Ⓐ 昭和39年のガット・ウルグアイラウンドと、プラザ合意からでしょうか。ＯＤＡ（政府開発援助）で東南アジアなどに、資金を援助→現地の森林から立木を伐採搬出→商社が木材を低価格で大量に調達→低い関税で日本に輸入→国内森林（立木、木材）の価格の低下、という流れがあったとか。現地では立木を多量に伐採した結果、森林の生態系も変わってしまった、という話を聞いたこともあります。

また、木材を多量に調達（輸入）した結果、国内の立木や材木が激安となってしまい、林業が衰退してしまったと話す方もいます。

ちなみに、1975～1980年頃の丸太の値段は、1・0立方メートル当たり約4万3000円だったと思います。確かその頃の私の給料とほぼ同じくらいだったと思います。

それ以降は値下がりが続いて、2010年には1・0立方メートル当たり、約8，000円まで下落してしまいました。

つい最近ですが立木買取業者（素材屋さん）と山（森林・立木）の話をした中で、気になったことを私なりに次の通りまとめてみました。

スギ・ヒノキで樹齢が60年生以上で、林道から離れている林は、1・0ヘクタール当たり50万円くらいで買い取りをしたい、また道端では200万円ほどで買いたいとのことでした。私はその金額では「造林・育林費用」の手間代もでてこないので、このまま成長させて、値段が高くなったら売りたい、と思ってしまったのです。

私なりに造林費用を1・0ヘクタール当たりで試算してみると次

のようになります。

○地拵　伐栽跡地を植栽できるように整理　２００万円。

○苗木　スギ・ヒノキ１本３００円（３，０００本）90万円。

○植栽　３，０００本で40万円。

○下刈　１〜７年生（１回20万円）７回実施１４０万円。

○除伐　２〜４回（１回35万円）２回実施70万円。

○枝打　地上から枝下までの長さ８・０メートルの間。４〜６回
　実施（１回40万円）４回１６０万円。

○間伐　３〜５回（１回40万円）３回実施１２０万円。

　概算でも１・０ヘクタール当たり、山の整備（手入れ）にかけた費用の合計額は、８２０万円ほどになるのです。立木が50〜２００万円程では、苗木代金に気を盛った程度で、ご先祖さまに申し訳なくて、私には売ることはできませんでした。先人の方々が手間やお金をかけて、成林させた森林です。このまま放置してしまうと、所

有者はもちろんですが、国・県としても大きな損失となってしまいます。少しずつでも手を入れて生育や成長を手助けすることが必要だと考えます。

立木の値段（価格）も、１９８０年頃や、私が学生の頃と比べても比較ができないくらい、安値になってしまいました。

また、棟梁《とうりょう》がロシア材は年輪の幅が狭くて使い勝手も良いと、話されていたことが印象に残っています。

森林所有者の多くの人たちは、森林の公益性は認めても、現状では採算の取れない、森林（立木）にはお金をかけづらく、放置したままになっているのが現実のようです。

また立木の価格が１・０ヘクタール当たり50〜２００万円程では、売りたい、売ろうと考える人は私の地域では、皆無に近いようです。多くの森林所有者が安い値段で売ってしまうと、再度森林を造り子孫（次世代）のために森林を残すことができない、と多くの先輩たちが話されていました。

また、地域森林計画書では「イ　立木竹の伐採（主伐）に関する指針」の中で、「皆伐（立木の伐採）を行う場合は2・0ヘクタール以下を標準とし」となっています。現実として2・0ヘクタールを超える立木竹の伐採届は、受理して頂けないようです。

以前に、伐採届を提出しないで立木を伐採して「始末書」、を取られたという方もいます。ですから立ち木を一本でも切る際は、伐採届を市区町村（県）に提出して受理して頂き、「適合通知」を頂く必要があります。保安林内の立木等の伐採は厳しく、「許可」が必要となっています。

最近の話です。小面積の伐採届を提出し「適合通知」を受理してから、誤伐だといって近隣の他人の森林、場所によっては「一山」伐採してしまう、という手口が全国的に多発しているようです。裁判にまで、発展している事例も多いようです。

Q 新築や改築の時、自己所有の立木（丸太）を使用すると、かえって割高となってしまうのですか？

Ⓐお祖父さんが、植えて一生懸命に育てた気持ちのこもった、一番素性が良いヒノキを、建築（新築）する家の皆の目に付く場所に使用したいと、家族の話し合いで決まり、早速見積もりを取ったそうです。それによると選木、伐採、枝払い、玉切等で5万円、それに搬出費や運搬費などが4万円、製材費2万円、乾燥代金1万円、大工さんの手間代が別途3万円となって、自己所有の立木（丸太）を使用すると直接費だけでも15万円。経費を入れると23万円以上も余分にかかってしまって……、と相談を受けたことがあります。

気持ちは良く分かりますが……。これについては、「どうにもこうにもやりようがないですねぇ」、と私は答えるしかありませんでした。

手持ちの材木を使用することで、決められていたその新築費の材木代と、同額くらいは安くなる？　と考えていたように私には思えてしまったのです。定められ、決められた以外の材料（材木）を使用することで、かえって割高となってしまうようです。

Q スギ・ヒノキ等の伐採時期はいつが一番良いのですか。

A 立木を伐採する最適な1日は、12月29日と、私の地区では言われています。また、樹液の流動が停止している、11月から翌年の1月までの3ヶ月間が、伐採する旬の期間だとも言われていて。

この適期に伐採した丸太（材木）は、歳月が経過しても材に「虫が刺しにくい」「食べにくい」「入りにくい」の〝3にくい〟、と私の地区では昔から言われています。

Q 木材搬出のネックとなっているのは何でしょうか。

A 木材を搬出するには、林道、作業道（路）の新設や開設が必要不

作業路　新設工

相模原市緑区三ヶ木　地内

可欠となりますが。市内のほとんどの山林が35度以上と急峻なために、新設するメートル当たりの単価が、他の市町村と比べて2倍、3倍以上と高くなってしまいます。また維持管理する費用も多くかかってしまいます。

土地の所有者なども細分化され過ぎていて、近頃は、使用承諾（使用許可）を得るのが、大変な労力を要する仕事になっています。近年は、所有権者が都会に移住して、連絡の取れない人たちも多いですし。たまに、承諾を頂けない方もいます。

ですから林道や作業道などの道路網を新設（開設）、することは簡単ではありません。林業の機械化なども前に進めていきたいのですが、富士山麓のなだらかな地形とは大きく異なり、市内では林業用の大型機械の使用は、限られた現場になってしまうのではと思っています。

また、山腹を歩いて横切るだけでも、また少し広い場所に車や丸太を置かせてもらうだけでも、人さまの土地ですから使用料などのお金がかかることが多いようです。

Q 木材を搬出するにはどんな免許が必要ですか。

A 木材搬出に必要な主な免許としては、国家資格「林業架線作業主任者」が挙げられますが、県内ではそれらを受講できる体制が整っていないようです。

なので近県の担当者にお願いして、受講生の仲間に加えて頂き、一緒に学科や実技などを学ぶ、ということになります。取得するまでには1～2ヶ月くらいはかかってしまいます。車の免許と同じで、一発試験（飛び込み試験）も受験できますが「合格」は、かなり厳しいと言われています。

Q 保育間伐作業では、どのような立木を伐採するのでしょうか。

A 前にも述べましたが、例えば農業では野菜や果実（果物）が成長する過程で、間引き摘果等の作業を行います。それらをもったいないと言う方もいますが。

お客様に喜んでもらえる品物（野菜・果物）を生産するには、それらの作業は必要不可欠となってくるのです。

林業もまったく同様です。

農業や林業を全く知らない私の友人が、間引き（間伐）作業がそんなに大変な作業なら、植栽（植付）本数を減らせば良い……と、簡単に言われますが。それは全く次元が違う話だと私は思ってしまいます。例えば同じ精英樹（母樹）からタネを採取して育てた苗木でも、全部が全部、優良木だということは有り得ないのです。優良木といわれるものは、10本の内の2～4本です。残りの6～8本は、どこかに欠点のある木となるのが一般的ですので、保育間伐（捨伐間伐）作業を繰り返して実施することに、多くの意味があるのです。

それと保育間伐材の搬出の件は、多くの皆さんが考えているような簡単な作業ではありません。

以前に述べた通り、木材を搬出するには国家資格（林業架線作業主任者）、や簡易架線集材装置等の運転、伐木等の機械運転、走行集材機械運転等々と、数多くの免許や講習を受講し、習得しなければならないのです（66〜69ページ参照）。

また、習得したとしても、それらを使いこなせるようになるには数年はかかってしまいます。そして大型機械を購入するには大きなお金が必要です。丸太搬出作業中の死亡事故も意外と多く、全国では19人となっています（令和3年度厚生労働省資料　P223参照）。死傷災害も827件が木材搬出作業中となっていて、災害の約7割を占めています。

急傾斜地で足場も悪く、重量のある丸太（100〜800kg）を取り扱う作業は危険も伴います。

林道や作業道（路）のない奥山からの搬出は、全てがケースバイケースとなってきます。

我が社では、今のところ奥山から間伐材などを搬出しても採算が取れない丸太は、現場で使用しています。現採丸太筋工（斜面を階段状にする工法）、林内巡視路（径路）の土留に使用しています。林内表土の流出を止めて、植栽木の生育（成長）なども助けるように工夫しています。

その後、土壌生物（微生物も含む）の働きなどによって自然に還り、森が必要とする肥やしとなって、森林・木々のために働いてもらっています。

このように多方面に配慮しつつ、合理的で地球環境にやさしい、自然界の原理原則に従って、森林づくりを進めることも、近頃では必要で大事なことだと思っています。

Q 記念植樹がにわかに流行しているようですが。

A そうですね。親父は、結婚した年に、スギの苗700本を結婚記念林として植樹したようです。「毎朝暗いうちに家を出て下草を刈って、その草を持ち帰り、牛のエサにしていた。朝食前にそれだけの仕事（朝作り）をした。……この林は正二（私）と同じ年齢（樹齢）だ」とも話していました。

私は65歳の時、その林の捨伐間伐を実施して、その際に林内全域に森林用の化学肥料を撒いて与えました。私と同じ年齢（樹齢）ですので、自分と重ねて観てしまうことがとても多い林です。

それと私が結婚したのは四十数年前となります。その春に女房とスギの苗木1，000本の、植樹を行いました。

その秋に長女が誕生しましたので、長女と重ねて観てしまうことがとても多く、その山に行く度に当時の様々なことが思い起こされます。

早いもので、娘の長男（孫）も小学校4年生になりました。

記念植樹は、そうした様々な過程を経て、エピソードも作られていくことになるのでしょうか。

Q 森林所有者が自ら手入れをすることもありますか？

A ある時、ダムの関係者から「『ダム』に伐採したスギの丸太や枝条が入っている」という連絡を受けたので、急いでその状況確認に行ったところ、県や市で指導されている作業内容とは、異なる内容でした。

我が社が施工した現場ではないことが、見た瞬間に分かったのです、会社に帰り、その旨を関係者に報告しました。

その後、1週間ほど経過したある日、次のような電話が入りました。「森林所有者が自ら手入れを行い、その際に誤ってダムに落ちてしまったらしい。お騒がせしました」と。

森林の管理や手入れを、自ら行っている人たちもいますね。手入れを行うということは大変良いことだとも思いますが、前にも述べた通りで、多くの資格や講習（66～69ページ参照）を取得・習得することも必要です。

特に、チェーンソーを取り扱う作業は、特殊な技術や「技」も必要です。そのうえ事故も多く（厚生労働省資料159ページ参照）、皆さんが思うほど簡単な作業ではないのです。私の地域での、私の知る限りの話となりますが、草刈り機、チェーンソーを取り扱う作業は、我々（プロ）はここ二十数年余りで重大事故は1件ですが、個人や個人事業主が使用して事故に遭っているのは、その十数倍以上となっているのが現実です。私は、山仕事をすることは大変良いことだと思いますが、山には危険が潜んでいます。事故などを起こさなければ良いのだが……と、職業柄ついつい思ってしまうのです。

Q ケヤキの樹は業者によって、見積り金額が大きく異なるのはどうしてですか。

A ひと昔前ならケヤキだけを取り扱う、専門の業者も多かったように思います。

その頃は、素材屋さんが訪ねて来て、思い思いの値段を付けました。その当時はどうして業者によって2倍、3倍、と見積金額が異なるのか、私も不思議に思っていましたが、ある家のケヤキを買う話から始まって3日間、その仕事に同行させて頂けたことで、ようやくその「ナゾ」が解けたような気がしました。

それはいまから二十数年前のことです。社長(素材屋)さんがケヤキの木3本の内の1本を30万円で買い取り、次の日は大型車と大型ラフターを使用して、5人で搬出を完了させ、市場に運ぶのに私もついて行きました。

後日、社長さんから聞いた話ですが、「250万円の値段がついて取引した」と教えて頂きました。ケヤキの立木代金が30万円、伐採労務費、運搬費、市場の手数料等全てを含めても20万円、合計50万円を引いたとしても、3日間で200万円の儲けですと話されていました。私もそれにはたまげてしまい、言葉を失ったことなども想い出されます。

また、社長さんは次のようにも話されていたのです。

「春先に出る新芽が赤みを帯びているケヤキの樹は芯も赤で、青のケヤキの2～4倍で取引されることも多く、無理して買っても儲かる」

「新芽が青いのは樹の芯も青く高くは買えない。高く買えば赤字になることもある」

「春先に買いたいケヤキの新芽を確認することがとても大事になる。それによって買取り価格も大きく変わってくる」

近頃は、これらの事柄を知っている人は本当に少ないですし、教えてくださる方も皆無に近いようです。

ここまで読んで下さった皆さまに、私からの「プレゼント」のつもりで書かせて頂きました。

またケヤキなどの樹皮の部分に瘤《こぶ》があるか、丸いか卵型などの模様がある樹は、製材すると様々で、いろいろな杢目（模様）が出現するそうです。

それはケヤキだけではない、とも話されていました。そうした樹は通常の価格の3～5倍の高値で取引されるそうです。

また、その杢や玉杢の数は、何十種類もあるとも話されて、ケヤキの値段（価格）は、同じ大きさ、同じ太さでも、ピンからキリ（1万～100万円）まであることも、そっと教えてくださいました。これらは私にとって、忘れることのできない教えになっています。

市内の学生さんが林業の学習にきました。
丸太積工　相模原市相模湖　地内

土壌保全工　丸太積工　山北町玄倉　地内

巻末インタビュー

林業再生への道とは

編集部　**もしも髙橋社長が、県知事あるいは農林水産大臣という地位に就かれたら、いくらの予算をもって、どのようにして林業の再生に取り組みたいですか。**

髙橋　この質問に答えるのは、なかなか難しいですねぇ。そもそも林業は、お金を投じればそれが数年後には利子が付いて返ってくる、というものではない。と今のところでは考えています。林業は、森林資源に限って話をすれば、スギ・ヒノキの苗木を植栽してから、姿を変えて材木として利用できるまでには、80年はかかってしまいます。いやそれ以上かも知れません。伐期は森林所有者あるいは地方によっても、森林土壌や標高、時代によっても変わってきます。その間は、森林巡視を行い管理を続けなければなりません。

それと立木の成長には長い歳月が必要です。その時代や年代によって、立木・樹木の価値観や値段（価格）も大きく変化・変動もします。

近頃は学生の頃勉強した様々なことを想い出します。例えば木材の価格が安い時は、無理して切る（売る）必要はない、値が出たら（高くなったら）切れば（売れば）良い、それが他産業とは違って「林業の長所」でもある……と、教わったことなども想い出します。

それと立木が酸素を供給する量は、クリ、カエデ、ブナ等の木々よりも、針葉樹のスギ、ヒノキのほうが、放出量が遥かに多く、その酸素によって我々人類や動物は生命を維持できています。また、木々が二酸化炭素（ＣＯ^{2}）を吸収することで、温暖化の防止の一翼も担っています。命の源となっている雨水や水を蓄え、供給もしています。また、これらの調整も図っているのです。様々な動植物の働きによって、生物多様性も守られています。私は山や森林、木々と触れ合うことで人間性喪失の回復にもスイッチが入ると思っています。森林はそうした恩恵を私たちにもたらし続けています。また様々な可能性も無限に広がっていて、これ以上の働きを森林に求めることは、少し酷すぎるようにさえ思えてしまいます。

あくまでも木材（丸太）はそうした様々な過程を経て、結果として生まれる「オマケや付録」、と同じ「付属の林産」なのだ、とも私は思っています。

編集部 **県の水源税や、国の森林環境税についてはどう考えておられますか。**

髙橋 県では水源税を原資として森林整備を進めてきました。ここ20数年余りで水源税約800億円を投入して、県内の森林の手入れを進めてきました。そうしたことで県内の多くの山、森林は美しく、逞しく強じんな森林となりつつあります。県土をしっかりと守り多くの恵みを、県民（私たち）にもたらし続けています。子孫にも大きな財産、宝の山ともなって成長を続けています。それと、我々も森林所有者から「喜びの声」を頂くこともあります。そうした言葉を頂く毎に、私は元気が湧いてきます。例えば以前のように、森林が放置された状態が続いてしまうと思うと、背筋も凍りついてしまいます。

基本的に森林環境税と水源税とでは、お金の使途が大きく異なっています。前述いたしましたが、森林環境税は木材の加工から始まって、それらを使用したり利用したり、またイベントにと本当にその幅も広く、森林・林業に関連する、ほとんど全てに活用できるようですが、県の水源税は基本的には森林整備（森林・立木）の手入れだけに使用されています（例外もあります）。ですが、県内の多くの森林が手入れもされず、放置されたまま残っているのが実情です。私には「まだ道半ば」に観えてしまいます。

２０２０年度でみると森林環境贈与税が全国最大の横浜市では、全額を基金に積み立てて置いて、学校などの公共施設に材木を使用する計画のようです。このように、数年から数十年間積み立てて活用する、という市区町村も結構多いようですが。

でも立木（木々）が成長するには、各種の手入れ作業が必要不可欠となってきますが、それらの計画のある市区町村が、全国を見ても少ないように観えます。

考えてみれば当然かも知れないと、私には思えるのです。森林の状況を把握するには膨大過ぎて、広すぎて、眼で足で体でかせぐのは、本当に大変で一朝一夕にはいきません。やっかいで複雑な山の手入れは、後回しにされているようにさえ私には思えてしまうのです。

もしかしたら市区町村や山林家を指導している、林業普及指導員（ＡＧ）が、足りないのかも知れないと、私は思ってしまいます。

山腹が崩落

70数年間、間伐が1度も施工された様子もなく、立木が「モヤシ」状態で、適正な距離と間隔、密度が保てなくなり、T－R率（地下部と地上部）のバランスも崩れ、台風などの強風や大雨によって地盤がゆるみ、そこに雨水が浸透して、災害を誘発しているように、私は観えてしまいます。

それと、地球の温暖化も現在進行形ですが、それらを考慮すれば、持続可能で且つ、森林の強じん化を図っていくことが、今以上に必要だとも思えます。これらのことは、国際社会の中で遅れをとることがないように、日々多面的に、そして多方面に注視していく必要があると私は思っています。

編集部　**経済的な面ばかりに気をとられては、いけないということですね。**

高橋　私は最近原発（原子力発電所）に関心を持つようになってきました。日本は世界の中でもその技術はトップクラスで、海外からオファーが来ていたと聞き及んでいます。

しかし、一度事故が起きてしまうと廃炉にするのに何十年もかかります。安くて安定した電力が得られているとか、輸出で経済に大きく貢献しているとか聞いていましたが、それらが全部、吹き飛んでしまった訳じゃないですか。放射性廃棄物にせよ、地下何百メートルのところに埋めると言ったって、それで完全に無害になる訳でもない。これだけ歳月が経過してもまだ復興が終わらない。原発は、長期的な視点で捉えると、我々人類のためになるとは考えづらいのです。

ただね、日本のエネルギー政策や、経済政策そのものが方向転換しない限り、かなり難しい問題だと思っています。

私の個人的な意見としては、人類や地球全体の事を考えれば、自然エネルギーや再生可能エネルギーの活用を、もっと推進する方向に舵を切る、そんな必要性があるように思います。

日本は地震や様々な災害が多い国で、「災害列島だ」、とも言われています。災害は繰り返される可能性が、とても高いのです。

私は原発よりも、リニア新幹線の技術を、能力のある人材と共に海外に派遣して、ノウハウまで伝授するという方向に、シフトしたほうが良いのかも知れないと、近頃では思っています。そうすることで雇用なども生まれ、喜ばれるでしょうから……ね。

編集部 **林業が高コスト体質なのはなぜなのですか、それは林業に対して行政の理解がたりないからなのですか。**

高橋 血圧が上がって体に良くないんですけど（笑）。

実はね、税務担当者が「山に何千万円ものお金を投資して一体何の意味があるんだ。そのお金は、いくらになっていつ回収できるのか？」と言い出してね、私は言ってやりましたよ。「例えば、数百万円をかけて森林整備を施工（実施）していれば、災害が発生しないですむと思えるものを、災害が発生してから、数十億円ものお金（税）を投入して復旧している。私から言わせると、非常にもったいないように観えてしまいます……」と。

それと「森林は生き物ですよ」。木々は酸素を供給しながら成長しているのです。そして、しっかりと国土（県土）を守っています。

もっと言わせてもらえば、水や酸素が現金がないと手に入らない、なんて事態を想像してみてほしい。火星で酸素を人工生成する、なんて話も聞こえてきますが、もし地球上で水や酸素を造ることになってしまえば、それは、大変なことになってしまいます。

そして、「何とかは元から断たなきゃダメ!!」と言われています。

元と言われる森林を整備して、県土をしっかりと守ってもらうことがとても大事です。その上で、二酸化炭素（ＣＯ^{2}）をより多く吸収してもらい、温暖化も食い止めてもらうのです。

山、森林などにも感謝の気持ちや、思いやりを抱くことも必要ですよ。立木・樹木は大昔から現在まで、ずーっと働き通しですから……と。

編集部 **髙橋さんが県知事や農林水産大臣になったら、というテーマに戻ってお話を伺いたいと思います。**

髙橋 そうですね、私が県知事なり農林水産大臣になったらでしたね。森林に関する「法整備」と地道な「広報」に力を入れていきたいと思っています。例えば山歩きをしている際に、幹が落ちてきてケガをしたとします。その時の責任の所在が、まったく明確ではないのです。原理、原則から言えば、森林には誰か所有者が必ずいるはずで、国であったり県や市区町村であったりする場合も多いのですが。そうなると、今度は他人の所有する森林に、勝手に入山したみたいな話になってしまう。

森林所有者に自己の所有物を管理して整備する義務を課しておけば、事故そのものを、もっと減らせるのでは、と私は思ってしまいます。

近年は森林や樹木、立木、竹林などに関連した様々な、そしていろいろなトラブルが、全国各地で起きているのが実情です。

何でもかんでも法律で、というのはいかがなものかと思いますが、最低限の法律は必要かなと思っています。

やはり森林所有者から林業従事者に至るまでの現行の法体系を、一度、見直す必要もあるのでは?と思ってしまいます。県知事や農林水産大臣では不十分で、総理大臣にならないと……。だめですかね（笑）。

編集部 **地道な広報というのは、どういうことでしょうか。**

高橋 最近では、農業体験が広まってきているようですが、林業体験はあまり聞いたことがありません。

例えば、森林学習などで森林内の小川で、マスのつかみ取りなどにチャレンジしてもらい、その際に、森林や木々の様々な働きについても教えるのです。

森林に降った雨水の約15パーセントは、木々の根から吸い上げられ、葉などから蒸散しています。そして約25パーセントが幹や枝葉に留まります。約25パーセントは地表などを流れ、約35パーセントが地下水となり、森林土壌に浸透しているのです。その際に化学物質なども吸い取られ、岩石の隙間などを通り、ミネラル分なども豊富に含み、長い時間を経ておいしい水となって、谷や沢に湧き出しているのです。

　初めは小さな小川から始まって次第に大きな川となって、下流のダムに流れていき、飲料水や農業用水、そして水力発電などにも利用されて私たちの暮らしを支えている……と。

　教えることによって、森林や林業に少しずつ、関心や興味を抱いてくれるのではないでしょうか。

　今、林業従事者の減少が続いている。その原因や要因がどこにあるかを考えたなら、自ずからやるべきことは見えてきますよ。

　昔から広い裾野がないところには、高い頂上もないといいますが、まさにその通りだと思います。

編集部

チェーンソーの話が出ました。ホームセンターなどでも売っていますが、仕事で使うとなると難しいものですか。それと間伐作業はどうですか。

高橋

ええ、一口で言うと、立木、樹木を切る際に、勢いよく切り倒したほうがよいのか、それともゆっくり切り倒すべきか、樹種、樹形や樹高、それと径級や、その枝張りなどによって、またその時々の状況や状態によっても変わってきます。普通に切った場合はどっちに倒れるのか、立木の重心はどこにあるのか、またチルホールなどの機材、クサビなどの山道具を使った場合はどうなのか。

それと受け口（木を切り倒すとき、伐倒方向側に作る切り込みのこと）の作成方法も、木々によって、全部変えていかなければなりません。多方面から総合的に考えて一番安全でリスクも低い、と思われる方法で伐採作業を始めます。

我が社では伐採木を傷めないように、なるべく斜め横方向に倒すように心掛けています。そうすることで「かかり木」も少なくなるようですし、幹の組織の損傷も少なくなります。

そうしたことができるようになるまでは、5～10年間はかかってしまうのです。おかしなことを言うようですけど、チェーンソーを使いこなせるようになるまでに、何台も駄目にするような者が、かえってよい職人になったりもします。

立木を切る際は、受け口を造ってから、追い口を入れます。そうすると木が傾いて倒れます。その際に少し残る部分を「ツル」と呼びますが。ツルが多いの少ないの、またツルが長いの短いのと言う方もいますが、それらの事柄について問題視する方に問題があるように私には思えてしまうのです。

また、私の友だちが次のように話されていたことなども想い出します。「スギ、ヒノキ、カラマツなどの針葉樹は、樹冠や樹形が同じで成長（生育）を続けている」と。これを聞いた時は、流石の私も発する言葉を失ったことなども想い出します。何も知らないということは怖いというのか、恐ろしいというのか分かりませんが……。

私に言わせると、人間の顔立ちや「体格」、「体型」と同じで、少しくらい似たような立木は5，000本から10，000本に1本くらいはあるかも知れませんが、私は同じ立木や木々は見たことはありません。それぞれ一本一本全部異なっています。私には、その点は、人間と同じようにも思えてしまうのです。こうしたことからも分かって頂けると思いますが、林業のなかでも間伐作業は「高度な技術」と多くの経験が必要とされる、特殊な「スゴ技」、「匠の技」が求められる作業だともいわれているのです。

また、立木・樹木には魂が宿っていると言われますが、職人たちは、それ以上の魂を込め、より以上の気持ちを込めて、立木にお願いしてから伐採作業を始めます。時にはお祈りをして、お清めをしてまた、魂を抜いてから切ることもあります。

それらの思いや気持ちが立木、樹木に伝わらなかった時は、立木が暴れてしまい、事故や災害につながる可能性が、高まると私は思っています。立木の命を断つわけですから……。大変な作業になることは、当たり前のことかも知れません。

伐採などでチェーンソーを取扱う作業は、特に事故や災害が多いということが、統計からも表れています。立木と樹木にも思いやりと優しさ、それと気（木）配りなども当然必要となります。

また、林業は労働災害が、群を抜いて多いと言われています。

令和3年度の統計の中で、死亡やケガを起こした率（数）を調べてみると、チェーンソーの取り扱いによる、死亡事故が全体の63パーセントを占めています（224ページ、厚生労働省資料参照）。

そんなこんなで、林業の職種は傷害保険などに加入できない、保険も出てきているようです。皆さんが考えている以上に、事故や災害が多いのが林業です。

事故の話までしなくても、プロが100本切る時間帯に、新人たちは30本も切れないのです。3分の1しか仕事ができないといわれても、日当を3分の1にすることはできないのです。最低賃金が決められていますので、法に合わないことは会社としてもできません。

我が社では新人従業員に、4年間くらいですが「技と心意気を伝授」しています。

新人従業員に目が届き、声の聞こえる範囲で時には一緒に作業します。そうすることで危険だと思える作業の仕方も、すぐその場でチェックができて、助言もできます。そうしたことで、事故や災害を未然に防ぐことにも繋がっているようです。

そのように指導や助言を繰り返して育成します。指導する先輩（指導員）たちは、指導や助言に時間を取られてしまい、自分の仕事が思うように進みません。でも仕方がないのです。新人を育てるということは、どこの職場でもどんな仕事でも同じだと思いますが、とても大変なことなのです。私としては、自分の思いや考えを弟子に伝えられた時、初めて「プロフェッショナル」、と言えるのだと今では思っています。

そのようにして、ようやく一人前になりそうだと思った者たちが、仕事が途切れた途端に、やっぱり林業は……。と言って退職してしまうのです。そんな時は本当に辛く涙も出てきてしまいます。

またほとんどの免許・資格・講習などを取得・習得してから離職されると、会社としてもなんとも無念ですが、悲しいかなその繰り返しとなっているのが現実です。

私は、林業は人材が育ちづらい労働（職場）環境なのかも知れないと、近頃では勝手に思い込んでいます。

何とか、もう少し仕事量も年間を通して……。給料なども他の職種と同じくらいに……。それと林業再生のために、何かいい知恵はないものか……と、私は考え込んでしまうのです。

例えば、次のような現場も多々あります。伐採作業（間伐）で、設計では、特殊作業員30人の現場がありました。通常では3人くらいで伐採作業を進めますが、伐採の支障となる人工の工作物もあり、壊さないように万全を期して、チルホール等の機材（かかり木となった立木・樹木の処理や、障害物がある場合に使用する特殊な機材）や山道具などを用意して、5人で作業を進めることにしました。しかし、ヒノキ林のため枝条も「ネバリ」が必要以上に強く、通常よりも「かかり木」（伐倒木が他の立木に、もたれかかり倒れなくなった状態）となってしまうと、複数人で対応することも多く、結果として設計人工数の2倍近い人工数がかかってしまった、ということが現場では実際に起きています。

こうした現状のどこに問題があり、どうすればその差を埋めていけるのか、またどのようにすれば、設計書通りの人工数で完成させることができるのか、といったことが、私への大きな宿題となってきています。

それと、森林内に登山道や遊歩道がある現場では、歩行者の安全を確保してから作業を進めています。警備員などを配置して作業を進めることもありますが、時には従業員が警備にあたることもあります。また、作業を中断して通行人の安全確保に努めた、結果として足が出た、ということも実際にありました。

編集部　**髙橋社長の教え方は、かなり厳しいと聞きますが。**

髙橋　「厳しい」、という言葉の解釈にもよりますよ。

他社の経営者たちは、叱ったら次の日から出勤しなくなる、退職してしまうと捉えている方も多いように見受けられます。でも「叱ってあげる」、ということは「イジメ」、とはまったく違います。例えば、全国的に空師《そらし》（建物や住宅などの狭い場所にある大きな木の「枝おろし」や「伐採」などを専門にする職業）が少ないため、空師の仕事をたのまれて、そのまねごとをすることもあります。少し大げさに言うと、命がけの仕事にもなるのです。ですから、「叱咤激励」も必要です。ある意味では、意欲をもたせることも大事なことなのです。

私からしてみると、大切な息子さんを預かっている以上、体に傷つけることがあってはならないと思っています。ですから、事故に直結しかねないミスは大声で叱ります。それで辞めてしまうなら仕方がないのです。

そういった覚悟を持って、10年くらい前から指導して、ようやく人材が育ってきています。それが今では、私の生きがいともなっているのです。もちろん叱った分のケアもしていますよ。仕事の上で何か悩んではいないのか、また生活は大丈夫なのか、そういったケアだけでなく、皆でカラオケや一杯飲みに行ったりもします。それもある意味では必要なことだと考えています。

ですから、こんな私についてきてくれた従業員も偉いと思います。従業員はひとりひとりが我が子ですし、私にとっても会社にとっても大事な、そして『何よりも大切な財産、宝もの』ですから。さらに言えば『若者は国の大事な財産、宝もの』、でもある訳ですから。

編集部

髙橋社長は、半世紀以上林業に関わってこられた訳ですが。森林づくりで苦い経験があったら教えてください。

髙橋

そうですね……。（少し考えて）苦いというか少しはありますよ。数十年前に2・0ヘクタールの山林にスギ、ヒノキの苗木を6，000本植栽し、その際に森林用の化学肥料も一緒に与えました。2か月ほど経過して巡視に行った際に、70パーセント以上が枯れていたのです。これには本当にショックを受けてしまいました。後日分かったことですが。植栽木の根のすぐ近くに、森林用の化学肥料を施したために、根がヤケてしまったのです。

翌年からは、根とのすき間をとって肥料を与えました。また1年経過してから施肥をしたら、今度は見違えるように、艶やかな緑色を発しながら気持よさそうにスクスクと成長していたことなども想い出されます。

次は、間伐事業ですかね。もうだいぶ以前の話となりますが、太くて素性の良い木、高値で売れそうな優良木のほとんどを、間伐（おろ抜いて・抜き切り・間引き）して市場に持っていきました。その時は、お金になってたいへん喜びました。また残した木々で成林してほしいとも考えていたのですが。その願いは叶わず、15年くらい経過した後に、立ち木を売った以上のお金を投入して改植し、最初からの保育作業となってしまったのです。

これは優良木のほとんどを優先して伐採したことによる、代表的な苦い体験でもありました。それと改植とまではいかなくても、美しくリッパな林とは言えない、状態の森林も数多くあったのです。

それらの森林と今後どう付き合っていくのか、結論が出たのは、それから数十年後だったのです。複層林や混合林に移行した林もありました。ちなみに、それらの森林は災害には強さを発揮するようです。林野庁でも一時期、推奨していた時期もありましたが、林業を「経営」するという視点から言わせてもらうと？（疑問符）が、付いてしまうようです。

次は、列状（群状・帯状）間伐ですよ。

これは苦い経験とかではなくて、私の感じたことになります。

植裁した列にそって、一列・二列・三列のいずれかの列をそのまま残し、次の一列あるいは二列を、全部伐採してしまうことをいいます。それらの施工方法は歳月が経過してみると、美しく素晴らしい林とはとても言えない状態になっていた森林も多かったのです。

ほとんどの森林内では枯木、倒木、不用木、不要木、被圧木、劣勢木などがそのまま残っていました。その後、捨伐間伐の手入れがされた森林もありましたが、ほとんどが手入れもされず「モヤシ」状態となったままで、放置された森林も多かったのです。

私から言わせてもらうと残した枯木や倒木なども、伐倒して整理する必要があるようにも思えます。そうすると今度は列状間伐とはいえないのかな？　と考え込んでしまいます。

それぞれの木々が持って生まれた命（寿命）を、最大限まで伸ばして、成長が続けられるように、手助けすることが私たちの仕事です。人間の寿命を遥かに越えて200～300年以上の巨木に、育つと思える木々もありますが。列状間伐は、列ごとそれらの木々まで全て伐採してしまう訳ですから、私からして観ると「もったいない」と、思えてしまう作業種でもあったのです。

編集部 **最後に髙橋さんご自身についての質問です。休日の過ごし方や趣味についても教えてください。**

髙橋 まあ、ありきたりですね。パチンコ、競馬、あと趣味と言えばドライブかな。車を発車したところで、頭の中を一度リセットできます。

私から言わせれば、車は一戸の家と同じで、車内は部屋と同じです。

一人だけの静かな空間でもあり。雑音が入らなくて考えがまとまりやすいところなのです。

パチンコをしていても、始めのうちは玉の動きを眼で追っていますが、気が付くといつの間にか仕事のことを考えている。

仕事中毒と言われればその通りかも知れません。

中小企業の社長は、皆似たり寄ったりではないでしょうか。

あと競馬ですか、うん……。運否天賦《うんぷてんぷ》みたいなところがありますね。私は、その時のヒラメキで馬券を買っていますが、たまには当たりますよ。私にとって熱くなり夢中になれる遊びの1つです。

　夢とロマンを追い「買い」続けながら天国、そして地獄も味わって、波乱万丈なところが私の人生と、良く重なり合っているようにも思えます。

　桜花賞、皐月賞、オークス、日本ダービー、菊花賞、天皇賞、有馬記念やジャパンカップなどの大レースもありますが。競馬事業自体が、農林水産省の所管となっているため、農林水産大臣賞のレースもあって。農業、林業、水産業の関係者にとっては、また違った意味での、楽しみ方や応援の仕方もあるのかなと思っています。

　確かに74歳近くなると、いつまで仕事を続けられるものか、といったことはよく考えます。たとえ現場を離れても、日本の林業の再生のために、できることはあるだろうと思っています。山で死にたいとは思いませんが、死ぬまで山と共にありたい、とは思い続けていますよ。

物心が付いた頃より、父親が山に行くのについて行き、山と関わりだして早くも65年余りの歳月が経過いたしました。今日までの自分の経験、それと体験を基にして、また様々な書物を参考にさせて頂くなかで、自分なりの夢と想いと期待を描き、考えも織り交ぜて語らせて頂きました。読みにくいところや理解し難いところ、それと気になるところもあったことと思います。この本を通して、大勢の方が山や木々の話で盛り上がり、またその機会が増えることも期待しているのです。森林・林業と共に生きてきた証を……。と思い手を付け始めたのは、今から10年ほど前のことです。社長職と草稿と、二足のワラジでした。最新の流行言葉でいえば〝二刀流〟と言うのでしょうか。

お天道様の導きと、背中を強く押され、今日のこの日を迎えることができました。

たったこれだけのことを伝えるために……。

振り返ってみると、長いようで短かった10年のようにも思えます。

自然豊かな相模原市緑区より、日本の「林業のこれから」とその未来を想い、そして考えつつ……。全てを後世に託して、ペンを置くことにいたします。

最後にもう一言だけ言わせてください。読み返してフッと想ったことがあります、アレ～これって?……。だけど、私の頭の中では、こうして「マトメ」あげるしか、そのすべ、手段、手法が他には見つかりませんでした、どうかご理解ください。

最後までお付き合いくださいまして、誠にありがとうございました。

私の忘れ得ぬことば

○ 籠に乗る人、担ぐ人、そのわらじを作る人

小学校4年のころだったと思います。祖母の口からふと「籠の乗る人担ぐ人そのわらじを作る人」とめずらしく出たのです。私には忘れられないことばになった。世の中にはいろいろな人がいる、そのことを私に教えてくれました。

○ 早起きは三文の徳

母親から「早寝早起き」は大事だ、と話されたことを思い出します。確かに、立派な仕事をされている方は皆「早寝早起き」型で、

朝の時間帯を有効に活用しているのが、共通しているように思えます。

○　俺我《ガ》俺我《ガ》の我《ガ》を捨てておかげの下《げ》で暮らせ

今から40数年前にもなるだろうか、結婚式での来賓のお坊さんが話されたことばです。それまで、このようなことばは聞いたことはなかった。本当にこの教えの通りだと思う。

世間の人との付き合いの中で、あまり我を通すと、人から嫌われて自分の人生が、狭く限られたものになってしまうようだ。「皆さんのおかげで自分がある」という謙虚な気持ちを持って生活することが、大事となる教えだと思っています。

○ 因果応報

この言葉は中学生になって祖父から聞いた言葉です。

何か自分で困ったことがある場合、冷静に考えてみるとそうなる原因が、必ずといっていいほど自分にあるように思います。

懸命に努力すると、それはそれなりの結果が出ますし、怠けるとまたそのような結果になる。だから、人間は「因果応報」ということばを十分かみしめながら過ごせ、ということだと思っています。

○ 愛語より回天の力あり

これは鎌倉時代の僧侶で永平寺を開いた、道元という人のことばだと言われています。

愛語とは、相手を思いやることばで、それは回天（その人の人生を切り開くほどの働き）する力があるという教えです。そのほめことばがその人の人生を育てるのです。しかも面と向かったことばより、間接的に聞くことばのほうがより影響があると言われているのです。

私も思い当たることがとても多いように思います。

丸太筋工　施工前

相模原市綱子　地内

崩落が続き、下層植生の発育ができていません。

丸太筋工　施工後
相模原市綱子　地内
表土の移動を防ぎ雑草木の発生や生育を促し、成長も助けます。

林業労働災害の発生状況

林業における作業種別の死亡災害では伐木作業中の災害が19名で63%を占めています。

作業種別死亡災害発生状況（令和３年の林業）

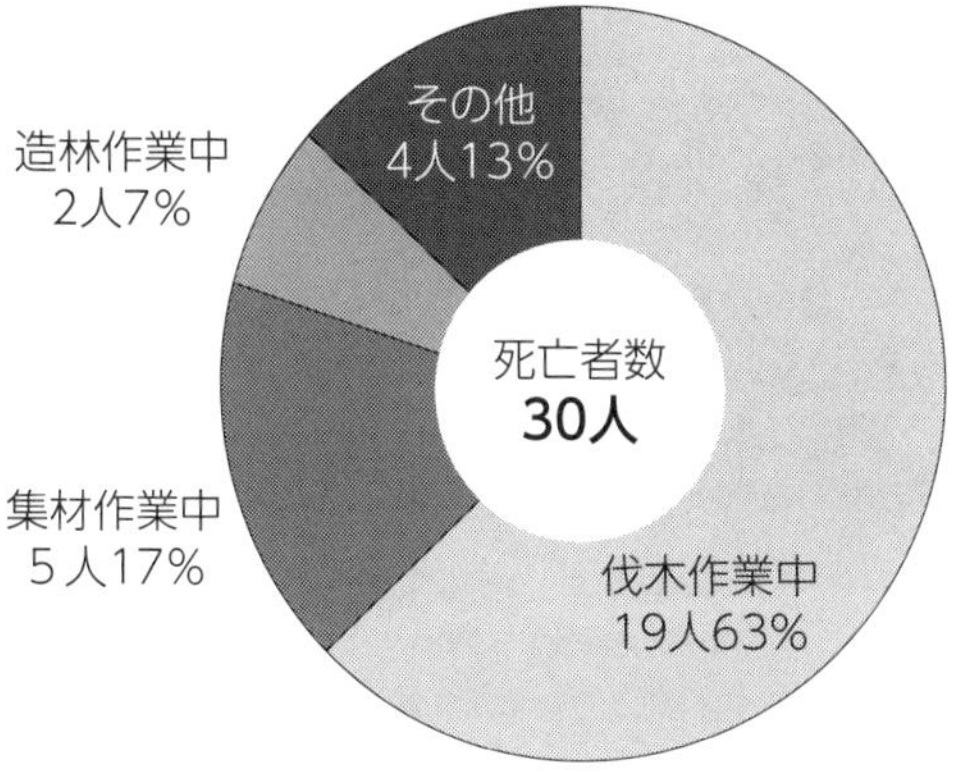

資料：厚生労働省

第2号様式

令和2年6月22日

株式会社 高橋林業
代表取締役 高橋 正二　様

[redacted]

業務成績評定通知書

貴社が受注した業務について、神奈川県森林整備業務成績評定要領に基づき評定した結果を次のとおり通知します。

なお、評定の結果に疑問があるときは、[redacted]に対してその疑問の旨を付して、この通知書を受理した日から起算して14日以内に書面により説明を求めることができます。

疑問の旨に対する説明は、書面により行います。

説明を求める場合の手続き等については、下記までお問い合わせください。

記

1 業 務 名　　令和元年度[redacted]

2 業 務 箇 所　　中郡大磯町高麗地内

3 工　　期　　令和2年3月13日　～　令和2年6月17日

4 検査年月日　　令和2年6月17日

5 評 定 点　　79点

6 手続き等の問い合わせ先
（住　　所）[redacted]
（事務担当課名）
（電 話 番 号）

神奈川県から上記の評定点をいただきました

株式会社 高橋林業

代表取締役　髙橋　正二　殿

貴社は当センター発注の[redacted]の施工にあたり卓越した技術をもって適正な工程管理のもと優れた森林整備業務を完成されましたことに感謝いたします

今後とも、活力のある豊かな森林づくりへのご協力をお願いします

令和４年３月１６日

神奈川県[redacted]

業務箇所　：足柄上郡山北町中川　地内
請負金額　：23,969,000円
工期　　　：令和2年7月7日～令和3年1月15日
発注者　　：神奈川県
受注者　　：株式会社高橋林業　代表取締役　髙橋 正二
現場代理人：岸 秀太
主任技術者：髙橋 研吾
評定点　　：84点

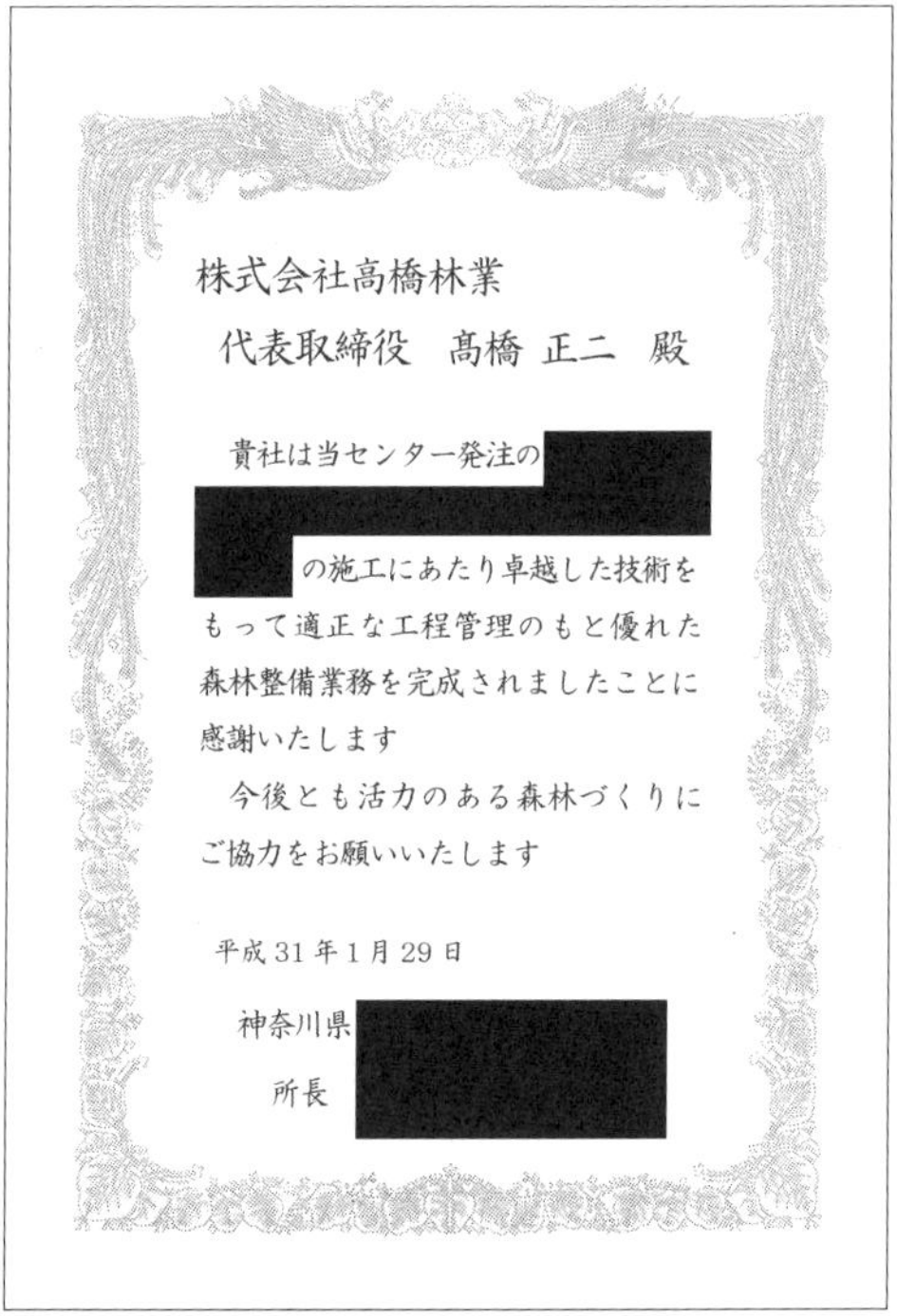

株式会社高橋林業
代表取締役　高橋 正二　殿

貴社は当センター発注の[redacted]の施工にあたり卓越した技術をもって適正な工程管理のもと優れた森林整備業務を完成されましたことに感謝いたします

今後とも活力のある森林づくりにご協力をお願いいたします

平成31年1月29日

神奈川県[redacted]
所長

業務箇所　：愛甲郡清川村煤ケ谷　地内
請負金額　：25,920,000円
工期　　　：平成29年7月24日～平成30年1月22日
発注者　　：神奈川県
受注者　　：株式会社高橋林業　代表取締役　髙橋 正二
現場代理人：杉本 直一
主任技術者：佐藤 圭
評定点　　：81点

山を守る合間のひととき、家族旅行の一コマ

≡幸福《しあわせ》は緑の山と青い水≡

〈著者紹介〉

髙橋 正二（たかはし しょうじ）

株式会社髙橋林業　代表取締役

神奈川県出身。山梨県林務部の職員として30年間奉職。中途退職後、帰郷して、森林組合の参事・参与を務めて、林業経営の知識を深める。49歳で「髙橋林業」を設立。経営基盤の強化と手厚い福利厚生の充実を図り、人材育成に注力。地味な林業のイメージ刷新に意を注ぐ。

幻冬舎ルネッサンス新書　254

全部《ぜんぶ》、山《やま》が教《おし》えてくれた
—林業《りんぎょう》のこれから— 改訂版《かいていばん》

2023年９月21日　第１刷発行

著　者　　高橋正二
発行人　　久保田貴幸

発行元　　株式会社 幻冬舎メディアコンサルティング
〒151-0051　東京都渋谷区千駄ヶ谷4-9-7
電話　03-5411-6440（編集）

発売元　　株式会社 幻冬舎
〒151-0051　東京都渋谷区千駄ヶ谷4-9-7
電話　03-5411-6222（営業）

ブックデザイン　田島照久
印刷・製本　中央精版印刷株式会社

検印廃止

Printed in Japan
ISBN 978-4-344-94014-7 C0295
幻冬舎メディアコンサルティングHP
https://www.gentosha-mc.com/